日常照顧、互動相處、
健康管理一本掌握！

天竺鼠
完全飼養手冊

大崎典子／著　　角田滿 獸醫師／監修

井川俊彥／攝影　　童小芳／譯

目次

Chapter 8 **飼養天竺鼠樂趣多** 175

有股香氣耶～

我肚子餓了啦！

摸我時要先打聲招呼喔☆

你說我很可愛？
我早就知道啦～♡

別、別這樣啦！

讓我親一個～

我超愛待在這個盒子裡！

很有
安全感喔！

啊……突然覺得好睏……

呼嚕嚕
……

今天出來散散步☆

看起來很美味吧？
我要自己獨享！

前 言

　　天竺鼠有著小巧且圓滾滾的身體，渾圓的眼眸閃耀著光芒，還會用清澈的聲音向人傾訴心情。想必有不少人對牠們的可愛如癡如醉，才會就此展開同居生活吧。

　　另一方面，一般人對天竺鼠的飼育方式與疾病資訊知之甚少。本書在角田滿獸醫師的監修下，彙整了天竺鼠的相關知識，以便大家有不明白之處或想再確認時，可以隨時閱覽。

　　今後應該會逐一釐清更多天竺鼠的資訊，飼育用品想必也會有更進一步的改善。倘若各位能參考本書，掌握現階段已知的資訊，並找到更適合自己與天竺鼠的飼育方式，將會是筆者莫大的榮幸。

　　希望本書能對天竺鼠與喜愛天竺鼠的人們有所貢獻，讓大家更加幸福。

大 崎 典 子

Chapter 1

一起認識
天竺鼠

天竺鼠是這樣的生物

蓬鬆又圓滾滾的
天竺鼠真是可愛極了。
沉穩的個性
也別具魅力。

天竺鼠的魅力

變化豐富的外表

　　天竺鼠是相當可愛的生物，渾圓的身體配上大大的頭與短小的四肢，沒有尾巴，所以連臀部都是圓的，大大的眼睛與耳朵給人一種天真無邪的印象。小手小腳踩著小碎步四處活動的模樣，非常惹人憐愛。

　　成鼠的體長約為20～40cm，體重則為500～1500g左右，較為小型。牠們的外表形形色色，有短毛與長毛的品種、毛旋遍布全身的品種、幾乎無毛的品種等。毛的質感也十分多樣，有粗糙的、柔軟而乾爽的、短而硬的，變化豐富。

個性沉穩，表情豐富

　　雖然也有個體差異，不過天竺鼠的個性比其他小動物來得沉穩而溫順。牠們的祖先是生活在大自然中的齧齒目，屬於被掠食動物，所以在適應飼主與飼育環境之前，警戒心較強且膽小。不過，只要無微不至地照顧並重視牠們，便可心意相通，牠們應該會漸漸展露出各種表情，撒嬌、愛慕、放鬆，偶爾還會鬧彆扭生氣。

　　眾所周知，天竺鼠很常發出叫聲。從清澈的高音到如嘟噥般的低語等，會隨著當下的情感發出各種聲音。有些飼主光是聽牠們的叫聲，就能判讀天竺鼠當下的心情，由此判斷牠們是在討食、心情很好，還是很興奮等等。此外，牠們的肢體語言也很豐富，所以只要一起

生活的日子愈長，溝通交流應該會變得愈有趣。

天竺鼠以寵物之姿備受愛護至今

在歐美是主流般的存在

如此魅力四射的天竺鼠，在日本卻是較為小眾的寵物。另一方面，牠們在歐洲從400年前就以寵物之姿備受寵愛至今。日本稱呼天竺鼠為「モルモット（Morumotto）」，美國稱牠們為「豚鼠（cavy）」，英國則稱作「幾內亞豬（guinea pig）」。如今，在育種家、飼育者與愛好者的推動之下，牠們大受喜愛且備受矚目，甚至還有天竺鼠協會、天竺鼠福利設施等無數機構誕生。

此外，天竺鼠被視為家畜，長年來皆透過育種來繁殖，因此現在作為寵物來飼養的品種，已不再棲息於大自然中。據說寵物天竺鼠的原始物種是草原

在日本，天竺鼠是動物園裡大家熟悉的動物。

豚鼠或白臀豚鼠，這些天竺鼠並不像寵物天竺鼠般有著圓滾滾的外表，會以5～10隻成群結隊，在南美洲的森林、沼澤、草原、岩石區等處生活。

與天竺鼠過著充滿樂趣的生活

天竺鼠是比較乖巧的動物，但是照顧起來得費一定程度的心力。不過，和天竺鼠一起生活所帶來的心靈滋潤，會遠超過這些辛苦。只要正確地照顧牠們，讓牠們健康地生活，並且每天進行親密接觸，想必天竺鼠也會把身為飼主的你視為最愛的家族成員來對待。為了與牠們共度快樂的日子，一起來了解飼育資訊，逐步深化和牠們有關的知識吧！

有些天竺鼠對飼主感到完全放心後，會喜歡待在飼主的膝上。

天竺鼠的同類

自非洲渡海而來

　　天竺鼠的故鄉位於南美洲，不過一般認為，天竺鼠、巴塔哥尼亞豚鼠、水豚、美洲豪豬、北美豪豬等生活在南美洲的動物，皆是屬於「齧齒目豚鼠小目」，其祖先是從非洲渡海至南美洲。雖說渡海而來的說法令人難以置信，但是乘著浮島漂流而至的理論頗具說服力。

　　天竺鼠的祖先來到南美洲後，在沒有競爭對手的全新土地上悠悠哉哉地逐漸進化。因此，同屬於「齧齒目豚鼠小目」的動物中，明明基因相似，卻明顯可見在體型與外觀上有著各種差異。

品種豐富的
天竺鼠同類

　　讓我們一起來看看「豚鼠小目」中的「豚鼠科」吧！這當中除了天竺鼠所屬的「豚鼠屬」以外，還有「長耳豚鼠屬」、「黃齒豚鼠屬」、「岩豚鼠屬」、「小豚鼠屬」與「水豚屬」。在日本的動物園中，除了豚鼠屬之外，只能看到長耳豚鼠屬的巴塔哥尼亞豚鼠與查科豚鼠、黃齒豚鼠屬的黃齒豚鼠，以及水豚屬的水豚。

　　豚鼠屬中，除了天竺鼠外，還有阿諾雷姆豚鼠、白臀豚鼠與艷豚鼠等。在日本的動物園可以見到的是天竺鼠和白臀豚鼠。

　　雖說都是天竺鼠的同類，但是從大小、臉型、體型乃至於敏捷度等都各不相同。如果在動物園中看到巴塔哥尼亞豚鼠、查科豚鼠、黃齒豚鼠、白臀豚鼠或水豚，不妨試著仔細觀察牠們與天竺鼠之間的異同。

豚鼠小目一覽表

豚鼠小目
- 豚鼠科
  - 豚鼠屬
    - **天竺鼠**
    - 阿諾雷姆豚鼠（*C. anolaimae*）
    - 白臀豚鼠（*C. aperea*）
    - 艷豚鼠（*C. fulgida*）
    - 圭亞那豚鼠（*C. guianae*）
    - 聖卡塔琳娜豚鼠（*C. intermedia*）
    - 大豚鼠（*C. magna*）
    - 柯比多豚鼠（*C. nana*）
    - 草原豚鼠（*C. tschudii*）
  - 長耳豚鼠屬
  - 黃齒豚鼠屬
  - 岩豚鼠屬
  - 小豚鼠屬
  - 水豚屬
- 無尾刺豚鼠科（*Cuniculidae*）
- 刺豚鼠科（*Dasyproctidae*）
- 八齒鼠科（*Abrocomidae*）

照片提供◎埼玉縣兒童動物自然公園
（黃齒豚鼠、巴塔哥尼亞豚鼠、白臀豚鼠）、
日橋一昭（岩豚鼠）

豚鼠科的同類

白臀豚鼠
比天竺鼠還要小型，或幾乎一樣大，毛色漆黑。鼻尖比天竺鼠來得尖、臉型近似老鼠亦是其特色所在。

巴塔哥尼亞豚鼠
豚鼠科中第2大，體長為70～75cm，與較小的中型犬差不多大。有著大耳朵，會輕快地蹦蹦跳，所以有時會被誤認為是兔子。

查科豚鼠
乍看之下神似巴塔哥尼亞豚鼠，但是體長才35cm，大約是巴塔哥尼亞豚鼠的一半大。棲息於南美洲中西部的大查科大草原上。（攝影地點：埼玉縣兒童動物自然公園）

黃齒豚鼠
黃齒豚鼠的體長為15～25cm。門牙介於黃色與橙色之間，下顎處還有個臭腺，會分泌出強烈惡臭的液體。此外，厄瓜多與秘魯有一道與之同名的cuy料理，cuy指的便是天竺鼠。

岩豚鼠
在國外被稱為rock cavy，如其名所示，是棲息於巴西東部乾燥的岩石區。只能在國外的動物園或大自然中見到牠們。

水豚
世界上最大的囓齒目。棲息於南美洲的潘特納爾濕地等濕原中。在動物園裡，以冬天泡露天溫泉之姿備受喜愛。

天竺鼠的身體、骨骼與內臟

在此彙整了天竺鼠的身體、骨骼與內臟的相關資訊，以求在健康檢查或到醫院拍攝X光片等時候能派上用場。天竺鼠身體的哪個地方有什麼樣的骨頭？其下方又有什麼樣的內臟？想了解的時候，不妨比對圖片確認看看。

天竺鼠的身體

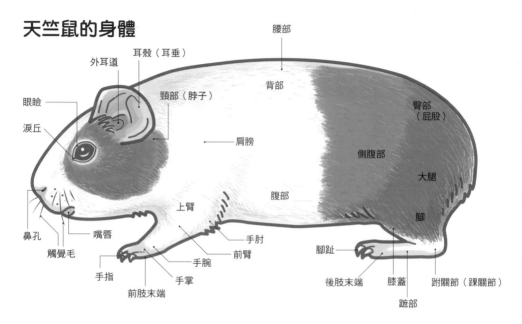

天竺鼠的骨骼

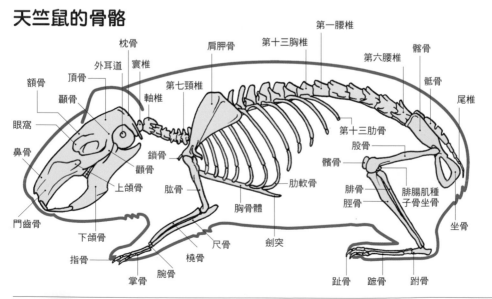

雄鼠的表層肌

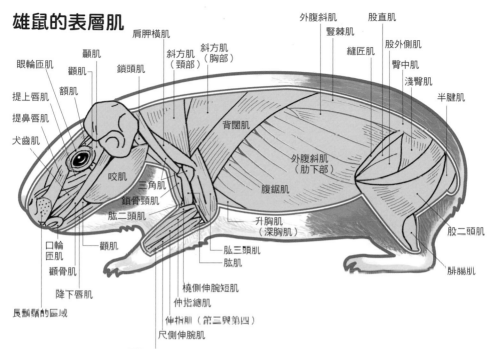

眼輪匝肌
顳肌
額肌
額肌
提上唇肌
提鼻唇肌
犬齒肌
咬肌
口輪匝肌
顴肌
顴骨肌
降下唇肌
長鬚鬚的區域

肩胛橫肌
鎖頭肌
斜方肌（頸部）
斜方肌（胸部）
背闊肌
三角肌
鎖骨頸肌
肱二頭肌
升胸肌（深胸肌）
肱三頭肌
肱肌
橈側伸腕短肌
伸指總肌
伸指肌（第三與第四）
尺側伸腕肌
尺側屈腕肌

外腹斜肌
豎棘肌
股直肌
縫匠肌
股外側肌
臀中肌
淺臀肌
半腱肌
外腹斜肌（肋下部）
腹鋸肌
股二頭肌
腓腸肌

雌鼠的深層肌

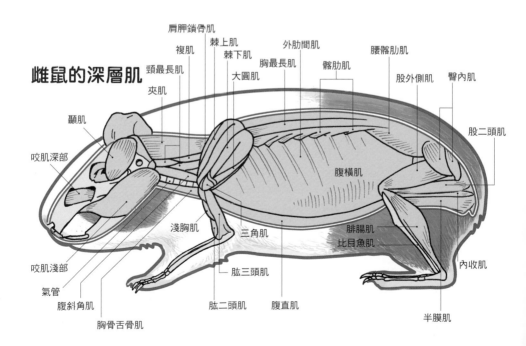

顳肌
咬肌深部
咬肌淺部
氣管
腹斜角肌
胸骨舌骨肌

肩胛鎖骨肌
複肌
棘上肌
棘下肌
頸最長肌
大圓肌
夾肌
淺胸肌
三角肌
肱三頭肌
肱二頭肌
腹直肌

外肋間肌
胸最長肌
髂肋肌
腰髂肋肌
股外側肌
臀內肌
股二頭肌
腹橫肌
腓腸肌
比目魚肌
內收肌
半膜肌

雄鼠的骨骼與內臟相對位置

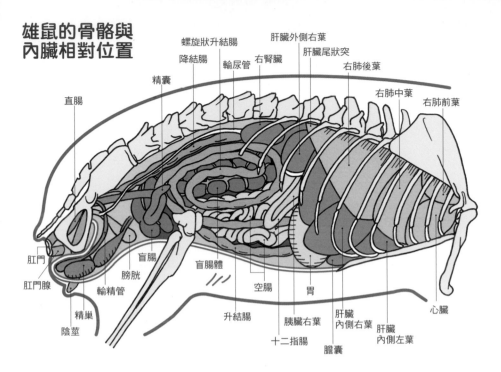

肝臟外側右葉
肝臟尾狀突
右肺後葉
右肺中葉
右肺前葉
螺旋狀升結腸
降結腸
右腎臟
輸尿管
精囊
直腸

肛門
肛門腺
盲腸
膀胱
盲腸體
輸精管
空腸
胃
精巢
陰莖
升結腸
胰臟右葉
肝臟內側右葉
十二指腸
膽囊
肝臟內側左葉
心臟

雌鼠的骨骼與內臟相對位置

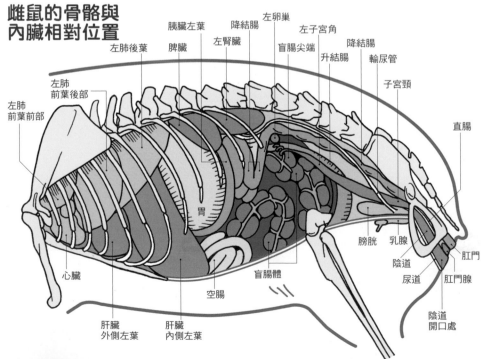

左卵巢
胰臟左葉
降結腸
左子宮角
脾臟
左腎臟
盲腸尖端
降結腸
左肺後葉
升結腸
輸尿管
子宮頸
左肺前葉後部
左肺前葉前部
直腸
胃
膀胱
乳腺
陰道
肛門
心臟
盲腸體
尿道
肛門腺
空腸
肝臟外側左葉
肝臟內側左葉
陰道開口處

從腹側觀察的內臟（雄鼠）

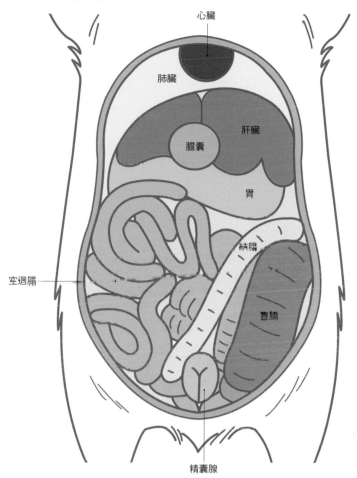

心臟

肺臟

肝臟

膽囊

胃

空迴腸

結腸

盲腸

精囊腺

生殖器

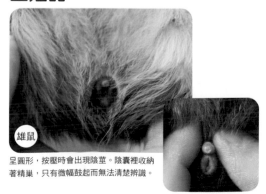

雄鼠

呈圓形，按壓時會出現陰莖。陰囊裡收納著精巢，只有微幅鼓起而無法清楚辨識。

雌鼠

特色在於Y字形的溝槽。可看出分別是尿道口（排尿口）與陰道開口處（陰道口）。由上往下依序是尿道口、陰道開口處與肛門。

天竺鼠的品種

品種維持的二三事

美國有個由育種家設立並營運的天竺鼠協會，即American Cavy Breeders Association（俗稱ACBA）。除此之外，歐洲各國也有育種家或飼主所成立的協會。每個協會都會制定各個國家的天竺鼠品種及特徵標準，並據此來進行育種工作。

遺憾的是，日本並沒有這樣的協會，都是任由各個育種單位或商店去制定品種標準。因此，近年來的趨勢是，各個品種的血統不斷相混，致使特徵變得混雜。

比方說，本來是不同品種的雷克斯（Rex）與泰迪（Teddy）相混後，漸以泰迪之姿存活下來，另外，還出現一些「毛旋（玫瑰旋）變得不明顯」或「玫瑰旋的數量變少」的阿比西尼亞案例。

因此，大家可能會發現寵物商店裡陳列的天竺鼠，在外觀上與本書所舉出的特徵或照片有些許不同，這在現今的日本可說是再理所當然不過的了。

即便在制定品種上看不到該有的嚴謹度，仍不影響天竺鼠的可愛。最好仔細觀察，看準會想要一起生活且自認可以妥善照顧好的天竺鼠，再把牠接回家。

Topics

名稱的由來

天竺鼠在美國稱為「豚鼠（cavy）」，在其他英語國家稱作「幾內亞豬（guinea pig）」，在荷蘭則稱為「土撥鼠（marmot）」。此外，在被視為印加帝國的後裔且居住在南美洲的克丘亞人的語言裡，稱之為「cuy」。實際上，只有日本人是稱呼天竺鼠為「モルモット（Morumotto）」。

據說，日本人之所以會稱呼天竺鼠為「Morumotto」，是在江戶時期引進天竺鼠時，荷蘭語的名稱遭誤傳所致。土撥鼠是屬於松鼠科的動物，但是在荷蘭將之與天竺鼠通稱為「marmot」。荷蘭人首次將天竺鼠引進日本時，想必也是告知日本人天竺鼠的名字叫作「ｍａｒｍｏｔ」。可以想見，傳達時從「marmot」變成了「marumot」，最後又被誤傳為「Morumotto」。

不過日本在動物學上一般都是使用「天竺鼠」這個名稱。其實，除了「モルモット（Morumotto）」之外，日本另有「海猴」、「豚尚」與「南京兔」等稱呼。因此，明治時期動物學會在進行和名（日本名稱）統一時，也是為了避免與松鼠科的土撥鼠混淆，才訂下「天竺鼠」作為日本名稱。

還有個說法指出，「天竺鼠」這個名稱是江戶時代末期的博物學家田中芳雄，從當時荷蘭所用的名稱之一「東印度鼠（oostindische rat）」翻譯過來的。可能是田中得知德語稱之為「小海豬（Meerschweinchen）」，而法語叫作「印度豬（cochon d Inde）」，所以想稱牠們為「天竺豬」也說不定。

英國短毛 *English*

此品種是1580年左右在歐洲被發現，並在英國經過300多年的改良而來。有著約3～4cm的柔軟短直毛，無色旋。從頭到尾身體寬度一致，水桶腰般的身形十分勻稱，脖子至肩膀間有個隆起處（俗稱為王冠）也是一大特點。可依毛的質感區分為「普通（normal）」與「緞毛（satin）」兩類，緞毛是指身上的毛帶有光澤與潤澤感。在美國被稱為美國短毛（American）。

棕色·
紅色眼睛

銀色刺毛天竺鼠

※顏色的標記與日本一般常用的名稱一致。國外的名稱請參照American Cavy Breeders Association（http://www.acbaonline.com/）與British Cavy Council（http://www.britishcavycouncil.org.uk/）等各國天竺鼠協會的官網。

泰迪　*Teddy*

長滿茂密的短毛，每一根毛都呈彎曲捲起狀，所以摸起來很有彈性。沒有半個毛旋，外觀近似名為雷克斯的品種，因此容易被視為相同品種，但在基因上各有差異。

巧克力色

巧克力色

淡紫色・
紅色眼睛

棕色・
葡萄色眼睛

※葡萄色眼睛是指眼瞳帶點淡淡的紫紅色。

短冠毛 — *Crested*

有著短直毛，唯有頭頂部分可看到毛旋，該處的毛倒豎呈冠毛狀（crest），故以此命名。冠毛顏色與身體毛色相同的稱為英國冠毛，冠毛顏色有所不同（大多為白色）的則稱為美國冠毛。

藍色＆白色

奶油色＆白色

阿比西尼亞 — *Abyssinian*

有著又硬又粗糙的直毛，毛長為4〜5cm，比英國短毛來得長一些。最大的特徵在於全身都能看到毛旋。在展示會上，有許多清晰可見的毛旋能獲得較高的評價。可依毛的質感區分為「普通」與「緞毛」兩類。自古以來就為人所知，直到1861年才在英國獲得品種認可。

三色

謝特蘭　*Sheltie*

有著長直毛，無毛旋。全身長滿茂密的軟毛。側邊毛髮特別長，頭部的毛則不會長長。在濕度高的日本，毛髮大多會修剪成固定程度的長度，但是在歐美，有時會為了參加展示會而加以護理，有些長到甚至可以在身體周圍擴散開來。美國稱牠們為Silkie。

巧克力色＆白色

奶油色

秘魯種 *Peruvian*

有著長直毛，屁股部位可看到捲毛。與謝特蘭最明顯的差異在於毛髮變長的部位。頭部與背部的毛會長長並蓋在側腹處較短的毛上。毛髮會隨著成長而變長，有時甚至會超過30cm，毛質柔軟有彈性。此品種是1886年左右在法國巴黎被發現的。

奶油色

三色

淡紫色＆
白色

長冠毛 *Coronet*

有著長直毛，只有頭上看得到毛旋。是從謝特蘭繁衍出來的品種，於1997年獲得品種認可。

橙色＆白色

德克賽爾 *Texel*

誕生於1980年代，是經過改良的新品種。有著長捲毛，無毛旋。頭上的毛較短，身體則長滿波浪狀的長毛。

混色

無毛天竺鼠　*Skinny guinea pig*

1978年於蒙特婁發現的品種，最大的特徵便是沒有毛，別名為無毛鼠（Hairless）。有兩種類型，一種是只有鼻子與頭部等處有毛，一種則是全身無毛。日本以前者較為普遍，且市面上流通的大多是雄鼠。

黑色

美麗諾　*Merino*

特徵在於帶捲度的長毛。毛旋位於頭部，可以看到如長冠毛般的冠毛。是較新且罕見的品種。

橙色&白色

歐巴卡　*Alpaca*

有著如秘魯種般的長毛，但毛髮帶有捲度。是以德克賽爾與秘魯種孕育出來的品種，較新而且罕見。

奶油色

天竺鼠的歷史

作為寵物的歷史起源

天竺鼠主要是在歐美被視為寵物而備受喜愛，但其原本的故鄉是在南美洲。

關於天竺鼠的祖先尚無定論，但一般推測應該是草原豚鼠或白臀豚鼠。

自16世紀的印加帝國時期開始，秘魯就把天竺鼠視作食用家畜來飼養。

天竺鼠於15世紀橫渡至歐洲，最初是由西班牙航海家帶進西班牙與葡萄牙，後由荷蘭人廣泛引入中歐，到了17世紀以後，全歐洲都開始飼養。

據說這個時期的天竺鼠不僅作為寵物來飼養，有時還會被食用。

於江戶時代引進日本

天竺鼠是江戶時代末期傳進日本的。天保14年（1843年），為了貿易來訪日本的荷蘭人把一公一母的天竺鼠帶到了長崎。

當時的書籍《武家必覽 續泰平年表》中，記載著那個時候的事：「天保十四年癸卯九月，一種法國產的動物於本月來到日本，名為Morumotto。體長約21cm，高度約7.5cm。眼黑，面如鼠而無尾。臉部顏色為半紅半白，全身有著黑白紅色的斑狀紋路。據說以白蘿蔔、紅蘿蔔與番薯等為食。似乎是相當老實而溫和的動物。相傳是御勘定吟味

《續泰平年表》　　　照片提供◎國立國會圖書館
此書為竹舍主人所寫，作為大野廣城（筆名為忍屋隱士）的著作《泰平年表》之續集。是以幕府歷史為主題的年代記，記載了各種事件的記事與奇聞。共10卷。

役（掌管監督糾察的官員）羽田藏助於今年新年至長崎辦公，九月完成公務歸來時，有人私下贈獻了此動物。據說羽田氏本月下旬入宿於品川宿湊屋彌三郎之處時，曾攜帶此動物並私下展示給友人們觀賞。」

此外，江戶時代後期的醫師兼藥草學家山本亡羊的著作《百品考》第2卷中，也有一段記錄寫道：「天保十四年癸卯九月，荷蘭人於此年攜此物而來，南蠻名稱為Morumotto，漢名謂為赤兔，日本則稱之為紅兔。」

有人推測，當時帶來的天竺鼠為三色的英國短毛。

「天竺鼠、靈貓、雷獸」

天保14年（1843年）荷蘭人帶來的珍奇異獸，除了天竺鼠之外，還繪有麝香貓與貂。上面描繪的似乎是三色的英國短毛品種。另記載著當時的天竺鼠飼育法，據說是長崎的通詞（江戶時期的外國人接待與翻譯人員）楢林鐵之助與志筑龍太從荷蘭人那裡聽來的。

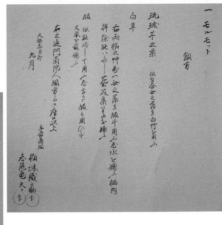

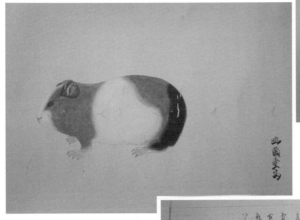

照片提供◎早稻田大學圖書館

　　自此之後，天竺鼠似乎就此被視作部分上流階層的寵物來飼養。

　　到了明治時期，天竺鼠也開始被一般人當作寵物。

　　同時，因為牠們個性溫和且易於飼養，也漸漸開始被頻繁當作生物學或醫學的實驗動物。

　　尤其在細菌學的世界裡，可以說是百分之百都利用天竺鼠作為各種實驗的實驗動物。

　　諷刺的是，當時的實驗結果都只造福人類，天竺鼠相關的醫療技術並未因此而有所進展。

　　歐洲和日本一樣，都使用了大量天竺鼠作為實驗動物，為了表揚牠們的犧牲與貢獻，而稱牠們為「科學的殉教者」。

基因意外地相近！
人類與天竺鼠之間的關係

　　分子系統學是以基因為線索來探尋生物的祖先，若以此為基礎來逐一追溯所有動物的祖先，便可看出每一種動物之間的關聯。

　　下方的圓形曼陀羅系統樹即彙整了在母體內透過胎盤來養育胎兒的「真獸下綱」的系統。包含天竺鼠在內的齧齒目與兔形目是從同一個祖先分化出來的。因此，齧齒目與兔形目又合稱為「齧形大目」。另一方面，包含人類在內的靈長目、皮翼目與樹鼩目則合稱為「真靈長大目」。

　　從齧形大目再進一步追溯系統樹，會發現牠們與真靈長大目有共同的祖先。因此，包含天竺鼠在內的齧形大目與包含人類在內的真靈長大目又統稱為「靈長總目」。

　　人類與天竺鼠在身體大小、外型，乃至於生活型態上都大相逕庭，故乍看之下會以為兩者是相差甚遠的動物。然而，像這樣從基因上來探究，人類與天竺鼠在真獸下綱中可說是較為相近的動物。

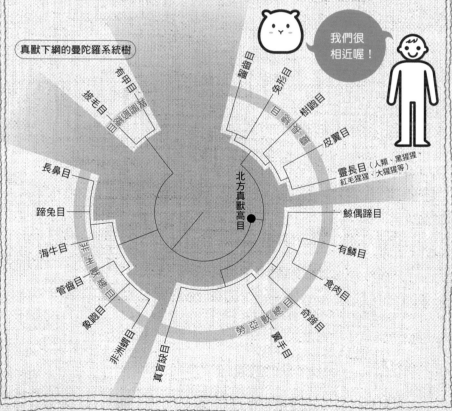

真獸下綱的曼陀羅系統樹

我們很相近喔！

有甲目
披毛目 異關節總目
齧齒目
兔形目
齧形大目 樹鼩目
皮翼目
靈長目（人類、黑猩猩、紅毛猩猩、大猩猩等）
長鼻目
蹄兔目
北方真獸高目
鯨偶蹄目
海牛目
非洲獸總目
有鱗目
管齒目
食肉目
象鼩目
奇蹄目
非洲蝟目
勞亞獸總目
翼手目
真盲缺目

Chapter 2

開心迎接
天竺鼠

「迎回家中」便意味著要對其生命負責

天竺鼠看起來很可愛，「pui-pui」的鳴叫聲與可愛的舉動也都別具魅力，但是飼養起來可不是一件容易的事。

牠們是排泄量很大的動物，每天清掃飼育籠是不可或缺的，為了一起生活，還必須整頓飼育環境、天天供應適當的食物，並且進行溫度與濕度的管理。修剪趾甲、護理毛髮，帶到動物醫院做定期健檢也有其必要。

光寵愛是不夠的，還要持續照顧，好讓牠們能健康地生活，這些付出既費心力又花錢。

此外，據說天竺鼠的平均壽命為4～5年。如果能從飲食中攝取適當的營養、生活在衛生且舒適的環境之中，而且沒生過什麼大病的話，活得更長壽也不足為奇。

迎接天竺鼠回家就是可以一起快樂地度過這麼長的時間，但同時也意味著飼主在這段期間必須負起責任持續照顧牠們。

把天竺鼠接回家中便意味著要肩負起一條生命的重量。天竺鼠是否能獲得幸福，取決於飼主的照顧。不要因為可愛就衝動地帶牠們回家，不妨先認識天竺鼠，並準備適切的飼育環境，再迎接人與天竺鼠都能幸福快樂的每一天。

照顧工作十分費時

讓我們先來思考一下，如果實際飼養了天竺鼠，飼主的生活將會變成什麼模樣？首先，請先預想自己是否有時間可以照顧牠們。

天竺鼠的排泄量很大，每天的清掃工作必不可少。如果飼主因為忙碌而對籠中的排泄物或吃剩的食物置之不理，會因此散發出惡臭，天竺鼠也很有可能會生病，所以每天必須安排30分鐘左右的清掃時間。

採買並準備蔬菜等食物也是每天必做的事項。此外，每隔幾天還要修剪趾甲或護理毛髮（如果是長毛種，幾乎天天都要護理毛髮）。

天竺鼠是一種社會性動物，飼主必須排安排時間讓牠們離開籠子放風，並且多加照拂。

會帶來經濟上的負擔

如果考慮要養天竺鼠，飼主必須先準備好購買天竺鼠的費用及飼育用品。

牧草、蔬菜類與固體飼料等食物，是每天都要準備的。尤其要在地板上鋪牧草的話，就必須購入大量的牧草。不僅如此，雖然每個季節不同，但幾乎每天都要一直開著空調以便調整氣溫與濕度，所以還有電費要繳。

除此之外，飼主還必須支付定期的健康檢查費用、生病時的治療費用，還有不在家時託付給寵物保母或寵物旅館等的費用。尤其是進行較困難的治療或手術時，有時甚至一次就得花掉10萬日圓以上。

有些天竺鼠無法馬上適應

懦弱膽小的天竺鼠不在少數，所以有時要花稍微多一點時間才會靠過來撒嬌。剛開始一起生活時，有些個體還會提高警覺而躲在小屋裡不現身。

儘管如此，唯有依舊用溫暖目光從旁守護並耐心持續照顧的人，才能成為天竺鼠的好夥伴。

最好事先做好上述心理準備，無論時間上，經濟上，還是精神層面上，都要有餘裕來與天竺鼠相處並做好照顧工作。

Topics

與其他動物同住的二三事

天竺鼠原本就是被捕食的那一方，屬於被掠食動物。因此，只要有狗、貓或雪貂等肉食性動物在附近，就會出於本能地感到恐懼而無法平靜地生活，有些天竺鼠甚至可能因為壓力太大而生病。即使試著讓牠們見面時，乍看之下似乎相處得頗為和睦，肉食性動物有時仍會在玩耍嬉戲中不小心弄傷天竺鼠。肉食性動物會隨著年紀增長而漸漸減少對天竺鼠的攻擊，但仍會傳染跳蚤等外部寄生蟲。讓天竺鼠與肉食性動物一起生活的風險太高，不太能指望有什麼好處。

如果家裡已經有養狗、貓或雪貂等肉食性動物，最好不要讓牠們靠近放置天竺鼠籠的房間。此外，也要盡可能避免在養了天竺鼠之後，又帶狗、貓或雪貂等肉食性動物回家。

兔子與南美栗鼠和天竺鼠一樣都是草食性動物，所以放在同一個房間內飼養也無妨。然而，如果養在同一個飼育籠中，或是讓牠們有密切的接觸，很有可能互相傳染共通疾病。此外，如果牠們有強烈的地域意識，一旦覺得自己的地盤遭到侵犯，便會造成壓力，請務必分開飼養在不同飼育籠中才好。

迎接天竺鼠回家前的考慮事項

要養成鼠還是幼鼠？

寵物商店等處所販售的天竺鼠幾乎都是幼鼠，從育種單位或自行繁殖的熟人等處接回來的，應該也多為幼鼠。天竺鼠寶寶大約出生3週左右之後才會完全離乳，如果在那之前就被迫離開天竺鼠媽媽，身體可能會變得虛弱。最好迎接體重達180～200g、出生3～4週以上且完全離乳的天竺鼠寶寶。

此外，透過動物醫院或動物愛護團體等機構認養的話，也有可能領養到成鼠，甚至是更高齡的天竺鼠。如果是一直以來都受到良好照顧的個體，會對人類抱持著基本的信賴感，那麼應該能在飼育過程中培養出好感情，這種情況並不罕見。

反之，若是在領養前備受欺凌或是飼育環境惡劣，天竺鼠也有可能要花較多時間才會親近人類。假如是身體抱恙的天竺鼠，可能還要支付預料之外的治療費，或是難以給予妥當的照顧。如果是成鼠，最好先確實詢問先前的生活與健康狀態，再決定是否接回家養（→詳見36～37頁）。

選擇品種

天竺鼠有各式各樣的品種，其毛色也十分多樣。請參考21～27頁的品種介紹，思考看看想與哪一個品種一起生活。

此外，長毛種在毛髮的護理與清潔上必須格外費心，而無毛天竺鼠則因沒有毛而容易受氣溫與濕度的影響，飼育難度較高，所以不建議初學者飼養。

較多人飼養的是英國短毛，此品種歷史悠久，飼育的技術訣竅也較為人所知。

公的好？母的好？

無關乎性別，只要飼養時好好疼愛牠們，天竺鼠都會適應得很好。一般來說，雄鼠的體型會比雌鼠來得大，還會積極鳴叫或活潑地四處活動。另一方面，雌鼠的個性大多較為沉穩。不過，天竺鼠的個性十分多樣，所以有些雌鼠也很頑皮，而有些雄鼠反而很老實。

此外，曾分娩過的雌鼠或到了性成熟時期的雄鼠會散發出較為強烈的氣味。飼主最好先理解這一點：天竺鼠將來很有可能散發出臭味。

該飼養幾隻？

飼養多隻天竺鼠的人並不少見。天竺鼠是高度社會化的生物，所以也有人提出「複數飼養較為理想」的意見。然而，天竺鼠的照顧工作既耗時又費力，飼養數量愈多，照顧工作就愈辛苦，若讓雄鼠與雌鼠同籠，又可能會懷孕生子而增加更多天竺鼠。

如果因為可愛而一隻接著一隻迎回家，照顧工作可能會變得不夠周到。初次與天竺鼠一起生活的人，不妨先試著從一隻開始飼養，等習慣照顧工作以後，再考慮是否可以再增加飼養數量（→詳見102～103頁）。

性別的組合

一般來說，如果要養在同一個飼育籠中，雄鼠與雌鼠是最容易培養出好感情的組合。話雖如此，如果不考慮繁殖，最好不要為了養在同一個飼育籠中而帶回一對天竺鼠。天竺鼠每胎平均會生出2～4隻幼鼠，且一整年都可以繁殖，所以數量會不斷增加。

僅次於雄鼠與雌鼠，比較容易和睦相處的組合是雌鼠與雌鼠、雄鼠與雄鼠。然而，天竺鼠也要看彼此的契合度，有時無關乎性別，就是處不來。如果打算在同一個飼育籠中飼養多隻天竺鼠，一開始最好先將籠子隔開，觀察其各自的狀況。

此外，即使是幼鼠，仍須格外留意，天竺鼠的雌鼠在出生後30～45天、雄鼠則是出生後60～80天（早熟的話，出生後35天左右）即達到性成熟，可以開始繁殖。放到商店等處販售時，大多數的天竺鼠已經到了能夠繁殖的月齡。和成鼠一樣，即使是幼鼠，只要把雄鼠與雌鼠放進同一個籠子中，便可預期不久後就會開始繁殖。

是否有過敏？

和狗、貓、兔子等一樣，有些人接觸到天竺鼠會引發過敏反應。即便在此之前並非過敏體質，仍有可能在與天竺鼠一起生活後才開始出現過敏。

而作為天竺鼠主食之一的牧草，也可能引起過敏反應。尤其提摩西牧草是禾本科植物，對鴨茅或黃花茅等禾本科過敏的人，接觸到提摩西牧草就有可能出現症狀。此外，乾燥提摩西牧草碎成

的粉末或附著在花穗上的種子等粉塵，有時也會引發過敏反應。

在開始飼養前先接受過敏測試會比較放心，免得好不容易接回家養，卻必須再次分離。

飼育籠該放在何處？

天竺鼠的飼育籠必須寬60cm×深35cm以上×高30cm以上。另外，天竺鼠不耐冷熱溫差，所以溫度與濕度的調整也是不可或缺的。在迎接天竺鼠回家之前，最好先確認一下是否有空間可以放置飼育籠或用來代替籠子的衣物收納箱，必須是溫差較小的地方，且遠離會有「縫隙風」灌入的窗邊或入口附近。關於生活環境的細節，請參照第3章的內容。

邂逅天竺鼠

可從何處取得天竺鼠？

做好與天竺鼠同居的心理準備之後，便可開始尋覓想一起生活的天竺鼠。可以從寵物商店或育種單位等處購入天竺鼠，或是經熟人轉讓。基本上，透過能夠直接見面並交談的對象來取得較為妥當。

天竺鼠的抗壓力差，購買或認養時最好選擇離家較近的寵物商店或育種單位，即可不必移動太長距離。每一隻天竺鼠的個性、外表及與飼主的契合度都各不相同，有一種方式是，先到寵物商店、育種單位或熟人家裡等處多看幾隻天竺鼠，再從中挑選。

寵物商店

店裡通常會有很多隻天竺鼠，可以從中選擇健康且個性與自己較合拍的，但另一方面，天竺鼠之間有時會互相傳染蝨子或皮膚病，所以要格外留意。此外，如果看中的是雌鼠，因為店裡是雄鼠與雌鼠放在同一個飼育籠中飼養，接回家時有可能已經懷有身孕。如果是性成熟較早的個體，雌鼠是在出生4～6週左右後、雄鼠則是出生5～10週左右後即可進行繁殖，因此要特別注意。

寵物商店裡會有相當齊全的天竺鼠飼育用品，可向店家詢問天竺鼠在此之前居住的飼育籠與地板鋪材，並採購相同的款式較為理想。接回家以後，籠中的環境沒有劇烈變化，亦可減輕天竺鼠

Check Point !

何謂可信賴的商店？

☐ 店家在飼主之間的口碑是否良好？

☐ 工作人員是否有配戴名牌（識別證）？

☐ 接回家之前，店家是否願意詳細告知天竺鼠的飼養方式或健康狀態？

☐ 天竺鼠的健康狀態是否良好且充滿活力？

☐ 天竺鼠的品種標示是否有可疑之處？

☐ 飼育籠是否過於狹窄或過於明亮？

☐ 店內與飼育籠中是否因排泄物等而髒兮兮的？是否散發著臭味？

的負擔。

如果是對天竺鼠較為了解的寵物商店，接回家後仍可向其洽詢飼育方式，或是請求修剪趾甲。與天竺鼠一起生活時，若有個對天竺鼠相當了解的商量對象，會比較安心，不妨事先問問看是否有提供售後服務。

有些大型的居家用品店等，也有經手販售天竺鼠。這種情況也一樣，最好多留意上述的幾個事項。

育種單位

育種單位通常會將天竺鼠批售給寵物商店或居家用品店，不過也有些人會自行販售。如果經網站或熟人介紹而找到這類育種單位，不妨先告知自己有意飼養天竺鼠，那麼如果有小寶寶誕生，應該就會接到通知。

另外，育種單位也屬於第一類動物

經辦業者，所以最好事先確認該單位是否已經登錄（編註：此為日本的制度，在台灣犬貓以外的非特定寵物尚無明確法規可控管，讀者可根據飼主間的口碑或現場環境等來評斷機構的優劣）。

飼主把天竺鼠接回家以後，有些育種單位仍願意提供飼育方面的諮詢。話雖如此，明明久未聯絡，卻突然提出疑問，是很沒禮貌的行為。從育種單位接回天竺鼠之後，應該找機會告知對方天竺鼠的成長狀況，遵循該有的禮節，以建立長久的良好關係。

熟人等

一般的飼主有時也會在自家進行天竺鼠的繁殖。如果有朋友或熟人飼養多隻天竺鼠，不妨問問看是否有繁殖的計畫？如果有打算繁殖，是否願意讓人領養幼鼠？

轉讓時，為了避免糾紛，還是謹慎為宜，最好確認清楚轉讓條件與接收方式、父母是否有遺傳性疾病、病歷、是否有近親交配的可能性等。

領養制度

另外，亦可以新的領養者身分來接收原飼主對動物過敏等因素而被轉讓的天竺鼠。有意領養的人，可以透過徵尋領養者的網站、動物愛護團體或動物醫院等機構找到牠們。

被寄養的天竺鼠大多已經成年，其中也有些天竺鼠可能已經中年或逼近老年了，為了今後的照護工作，最好事先問清楚天竺鼠現在幾歲、至今為止的生活狀況與病歷等。如果是雌鼠，還要詢問是否有過生產經驗等。

此外，假如透過動物愛護團體成為領養者，有時會被要求接受審核或提交書面資料，以此判斷是否適合當領養者。好好傳達自己會負起責任和天竺鼠共同生活的意願，並且配合必要的審查吧！

確認天竺鼠的健康狀況

　　找到喜歡的天竺鼠以後，最好仔細確認其健康狀況。尤其是初次和天竺鼠一起生活的人，選擇只須做好基本飼育事項便可過得很愜意的健康天竺鼠會比較安心。

　　以下列出幾項檢視重點，用以判斷天竺鼠是否健康。在寵物商店等處挑選時，建議以此作為標準。

挑選天竺鼠時的檢視重點

眼・耳

☐ 耳朵內是否有髒汙？
☐ 耳朵是否散發出令人不快的氣味？
☐ 眼睛是否流出了眼淚？

全身

動作……☐ 是否活力充沛地活動？是否有好好進食？

毛皮……☐ 毛質是否良好？是否掉毛或毛髮稀疏？
　　　　（如果毛質不佳且掉毛，有可能是營養不足或皮膚病所致。唯有耳朵是原本就沒什麼毛。）
☐ 毛髮間是否藏有蜱蟎或蝨子等？
☐ 如果是長毛種，腹側是否有結毛球？

鼻・口

☐ 是否有流鼻水？
☐ 是否有鼻塞？
☐ 是否有流口水？
☐ 牙齒是否生長過度、變形或缺損？
☐ 是否都只用嘴巴呼吸？

身體……☐ 是否太瘦？
☐ 是否太胖？
　　　　（雌鼠若腹部不正常肥胖，也有可能是懷孕了。）

其他

- □ 是否有食慾？
- □ 抱起來時是否太輕或虛弱？
- □ 頭是否歪一邊？
- □ 是否一直在抓撓身體？
- □ 同一個飼育籠裡是否有生病的天竺鼠？
- □ 糞便是否呈健康的深綠色至深褐色？
- □ 糞便的形狀是否均勻且大小一致？
- □ 尿液是否呈健康的白濁色？

關於不明顯的畸形

雖然極其少見且大多被毛髮蓋蓋而看不太出來，不過還是有些天竺鼠多一片耳垂，或是多一根腳趾。即便有這類畸形，也不會直接影響其健康狀態，話雖如此，出現這種情況，也有可能是育種家並未確實關注天竺鼠並做好計畫性的育種工作。即便天竺鼠有畸形也不介意的飼主，為謹慎起見，最好還是仔細確認牠們是否生病了。

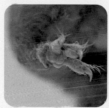 

後腳多1根腳趾　　　　耳垂上多了1片耳垂

臀部周遭

- □ 是否被糞便或尿液弄髒了？

足部

- □ 是否前腳各有4根腳趾、後腳各有3根腳趾？
- □ 腳趾是否有受傷或缺損之處？
- □ 前、後腳的腳底是否有腫脹或擦傷？

天竺鼠與法律

動物愛護管理法

為愛護動物而訂立的法律

日本有條與天竺鼠等各種動物相關的法律，即《動物愛護管理法》，正式名稱為《動物愛護及管理相關法律》。

動物愛護管理法的主要特色在於，規定「所有人都應該意識到『動物是有生命的生物』，不僅不可隨意虐待，還要以營造出人類與動物可共同生存下去的社會為目標，仔細了解動物的習性，並給予適當的對待」。法律的適用對象是飼主與販售業者都含括在內的「所有人」。

身為天竺鼠的飼主

讓我們來看看動物愛護管理法中，與天竺鼠飼主有關的內容吧！飼主必須因應動物的品種與習性等，確保其健康與安全，並提供適當的飼育，直至其生命終結為止，此即為所謂的「終生飼養」。

此外，法律還規定飼主必須努力避免飼養的動物危害到人類的身體、財產，或對他人造成困擾。不僅如此，還必須防止任意繁殖。以天竺鼠來說，分籠管理雄鼠與雌鼠、不要毫無計畫地任其繁殖，這些應該都是基本的。

動物愛護管理法中也有提及疾病相關知識。具備正確的傳染病知識並加以預防，是身為飼主的義務。

該法律的獨特之處在於，提到攜帶運送的相關規定：必須費些心思盡量讓動物可以在短時間內運送完成，並在移動過程中加入適當的休息時間。運送方式也不能對動物造成負擔，且必須採取對策來防止其逃跑。一般建議進行溫溼度管理，還要以適當的時間間隔提供飼料或水。

面對面說明是店家的義務

以前在網路上就可以買賣動物，但是隨著2013年動物愛護管理法的修正，日本的動物經辦業者開始有義務在販售動物時面對面向買家說明。

販售動物之際，必須向有意購買的

人「直接展示該動物的現狀（實物確認）」，並「面對面用書面資料（含電磁紀錄在內）來說明該動物的特徵與適當的飼養方式等（面對面說明）」。因此，無法直接看到動物的網路販售便不再可行。

如果有業者在網路上販售天竺鼠，或是沒有確實做到面對面說明，便已違背了動物愛護管理法。台灣的買家們，也最好避免透過這類稱不上值得信賴的業者取得天竺鼠。

動物愛護週

動物愛護管理法中，將9月20日至26日訂為「動物愛護週」。

所謂的「動物愛護週」，是為了讓國民對動物的愛護與適當的飼養，有更廣泛且深入的了解與關懷而設定的期間。除了透過公開招募來製作動物愛護週的海報之外，還會由動物相關團體或地方政府等單位負責舉辦動物愛護互動節。每年的企劃內容各異，舉其中一次為例，開辦了攝影教室、獸醫師諮詢與寵物美容室等，都是可以輕鬆參加的活動，如果有機會到日本請務必走一趟看看。

傳染病法

與進口申報制度相關的法律

日本的「傳染病法」，其正式名稱為「傳染病預防及傳染病患者之醫療相關法律」。這條法律也針對來自動物的傳染病做了規定。

傳染病法針對每種動物採行了進口禁令、檢疫與申報等規定，為的是防止進口動物引發傳染病。

含天竺鼠在內的齧齒目也是這項進口申報制度的適用對象。辦理進口申報的程序中，需要有出口國政府發行的衛生證明書與相關文件。含天竺鼠在內的齧齒目，其衛生證明書中，必須寫明該動物並未感染鼠疫、狂犬病、猴痘、腎症候性出血熱、漢他病毒肺症候群、兔熱病及鉤端螺旋體病。除此之外，還要進一步將動物的品種與數量等呈報給機場或海港的檢疫所，並接受確認。

這些程序相當難辦，自2015年起，不但個人不能進口天竺鼠，就連在國外一起生活的天竺鼠也不能帶回日本。

請遵守法律來照顧我喔！

天竺鼠
寫真館

part 1

可愛度倍增!? 我們稍微角色扮演了一下～

女兒節的主角就是我☆

我被仿冒了!?

哇！魔鬼駕到囉～

你可以稱呼我為公主大人呦！

我是公主！ 不對，我才是！

我是魔女喔！怕了吧～

Chapter 3

天竺鼠的
生活環境

整頓好生活環境

只要家裡舒適，
就可以很安心♪

打造一個沉穩自在的
生活空間

　　天竺鼠屬於被掠食動物，是個性較為穩重但抗壓力差的生物。如果轉移到不適應的環境，比如煥然一新的飼育環境等，有時會食慾下降、出現腹瀉或軟便等，導致健康亮起紅燈。

　　接回家不久後，正是要開始與飼主建立信賴關係的時期，所以會對牠們造成特別大的壓力。最好多加留意，讓天竺鼠可以依自己的步調來適應環境。

減緩環境的變化

　　剛接回家時，飼育籠與地板鋪材不妨都使用與牠們之前待過的地方同款或類似的產品，好讓牠們感到安心。事先將可以藏身的巢箱或隧道等放進飼育籠中，就能作為牠們恐懼時的躲避之處。

　　若想改善地板鋪材、其他用品或飼育籠等，應該先觀察天竺鼠的適應情況，再一點一滴逐步改變。尤其是飼育籠，突然改變會對牠們造成壓力。還有一種方式是，將新的飼育籠擺放在現有的飼育籠旁邊，讓天竺鼠可以進出，等

電視或喇叭等附近會有噪音，
所以不適合擺放飼育籠。

牠們適應到一定程度之後，再進行更換。

飼育籠的擺放位置

把飼育籠安置在能讓天竺鼠感到沉穩自在的地方是最重要的。盡可能選擇一個既不吵鬧又感受不到震動，且人們較少進出的地方。如果飼育籠的背面或背面及側面都靠牆，天竺鼠應該也會感到安穩。

此外，擺放在電視或喇叭等會發出聲音的東西旁邊並不理想，因為會突然發出巨大聲響。

最好也避免將飼育籠放在陽光直射之處，或是日照不足的地方。還要避開壁櫥這類通風不佳的位置，或是濕氣較重的地方，因為會造成皮膚疾病。

考慮到掉落的風險，最好不要把飼育籠設置在架子上。如果實在找不到放置飼育籠的空間，只能安置在架子上，那就使用穩定性佳的架子，並確保飼育籠牢牢固定在架子上。

如果已經飼養了其他動物，最好把天竺鼠養在不同房間，或將飼育籠安置在看不到彼此身影的地方。當然，也要避免讓天竺鼠與肉食性動物共處一室。

為了做好健康管理，把飼育籠放在飼主看得到的地方會比較放心，比如客廳裡安靜的角落，或是飼主常待房間的角落等，為天竺鼠找一個能夠安穩度日的適切之處吧！

濕度與溫度的管理

溫度與濕度的管理也很重要。天竺鼠覺得舒適的溫度是18～24度（無毛天竺鼠則約20度），濕度是40～60%。即使是同一個室內，靠近地板的位置與較高的位置之間，仍有濕度與溫度上的差異，溫濕度計直接裝設在飼育籠上即可。如有必要，建議透過空調來為天竺鼠調整濕度與溫度，無論同一個室內有沒有人。

即便溫濕度計上顯示沒有問題，天竺鼠若暴露在空調風或縫隙風中，仍會受寒，如果直射陽光照進飼育籠中，表面溫度也會升高。一起來為天竺鼠打造一個舒適的環境吧！不僅從溫濕度計上看來沒問題，還要能感受到恰到好處的陽光。

天竺鼠的住處

　　飼育籠是天竺鼠的生活中心。籠中應鋪好地板鋪材、放個食物盆，並設置供食用的牧草餵食器與飲水器。鎖扣、藏身處與溫濕度計亦不可少。

　　市面上推出的生活用品五花八門，不妨把安全面向考慮在內，一點一滴逐步改善其住處。

飼育籠的布局範例

飼育籠
日本製造商目前幾乎沒有販售「天竺鼠專用飼育籠」，所以通常都會使用兔子或小動物專用的飼育籠。此外，改造過的衣物收納箱或幼犬專用的圍欄也很常用。（→關於衣物收納箱，詳見49頁）

鎖扣
有些天竺鼠能夠自己開門，有時則是在籠中四處活動時，偶然間門就開了。為了防止牠們逃脫，最好平時就裝上鎖扣。（→詳見55頁）

溫濕度計
裝設在天竺鼠所在的高度，確認是否符合適當的溫度與濕度。（→詳見55頁）

小屋類
這是能讓天竺鼠放心藏身的空間，對屬於被掠食動物而膽小的天竺鼠來說，是不可欠缺的。務必為牠們設置此物。（→詳見54頁）

牧草餵食器

天竺鼠的排泄量大，如果把牧草放在地板鋪材上，會被糞便與尿液弄髒。只要安裝一個牧草餵食器，便可讓牠們吃到衛生的牧草，要餵食和地板鋪材不同類型的牧草時也很方便。（→詳見54頁）

拉近食物盆與飲水器即可空出更充裕的空間，清掃撒出來的食物也會方便許多。

飲水器

使用飲水器即可確保天竺鼠能隨時喝到乾淨的水，最好裝設在便於飲用的位置。不太建議將水倒入小碟子中來供水，因為會打翻。（→詳見53頁）

食物盆

挑選容器時，大小和擺放的位置最好方便天竺鼠進食。如果放著不管，會被排泄物弄髒，所以吃完後即可撤走。（→詳見53頁）

地板鋪材

牧草是最理想的地板鋪材，不太會卡到腳，還能輕鬆清除排泄物等。市面上販售的小動物專用飼育籠中，有些裝了金屬製的網子，但是對腳趾外露的天竺鼠而言，網狀地板很難行走，有時還會卡到腳趾而受傷，最糟的情況甚至會骨折，所以建議使用時將之拆除。（→詳見50～52頁）

選擇飼育環境

飼育籠

　　天竺鼠無法跳得很高，所以飼育籠不需要太高。此外，牠們長年來被視為家畜飼養，個性很乖巧，並不需要激烈的運動。因此，飼育籠可說是為了讓天竺鼠安穩度日的居所，只要是可以放鬆、躺臥並進食的空間即可。

　　如果只養一隻，確保寬60cm以上、深35cm以上的空間應該就夠了。籠內若能再寬敞些，住起來會更加舒適。另外，籠子高度只要超過30cm、天竺鼠用後腳站立也搆不到，應該就綽

綽有餘。市面上也有販售加裝了閣樓等的飼育籠，但是有可能會摔落而受傷，所以最好不要安裝。

　　如果要用金屬製的籠子，建議選擇兔子或小動物專用的飼育籠。也可以用衣物收納箱來替代，但是通氣性比金屬籠來得差，也比較容易不衛生，必須格外注意。網路銷售平台或部分小動物專賣店裡也有販售海外製的天竺鼠專用飼育籠。

購入時的檢視重點

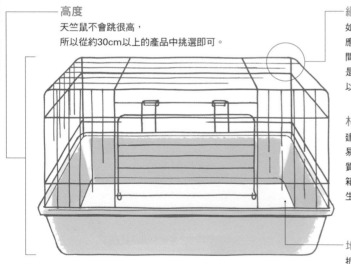

高度
天竺鼠不會跳很高，
所以從約30cm以上的產品中挑選即可。

網格
如果從出生1個月左右開始飼養，應確保天竺鼠無法從籠子的網格之間溜出來。即便從成鼠開始養，還是要避免選擇網格太寬的飼育籠，以免夾到腳或頭。

材質
建議選擇金屬網或塑膠製品等，不易吸收水分又能輕易去除髒汙的材質。最好避免使用木箱或瓦楞紙箱，因為髒汙容易滲入而變得不衛生，而且通風性不佳。

地板
拆掉金屬網來使用較為理想。如果因為白天要工作等因素而常常不在家，無論如何都想用金屬網來維持衛生，那麼不妨選擇網格較密或網線較粗的產品。

寬度
地板面積必須超過2000cm²。如果是80cm大小的飼育籠（約3600cm²），在裡面設置藏身處也不會覺得太狹窄。

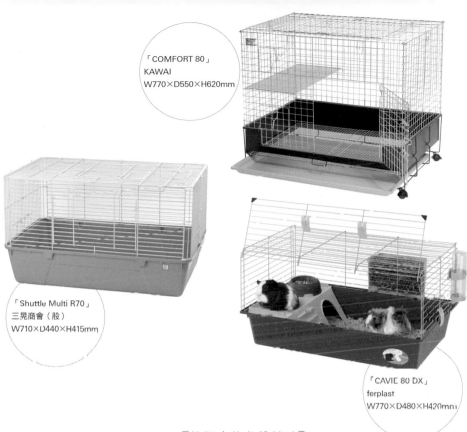

「COMFORT 80」
KAWAI
W770×D550×H620mm

「Shuttle Multi R70」
三晃商會（股）
W710×D440×H415mm

「CAVIE 80 DX」
ferplast
W770×D480×H420mm

[使用衣物收納箱時]

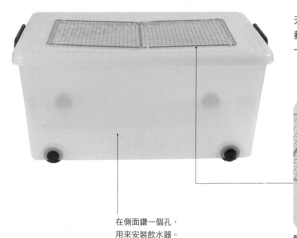

天竺鼠不像兔子會跳那麼高，所以也可以
養在衣物收納箱中。不過在使用前必須做
一些改造。

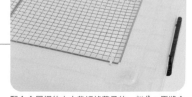

在側面鑽一個孔，
用來安裝飲水器。

配合金屬網的大小裁切掉蓋子的一部分，再將金
屬網鋪設其上，藉此改善通風。
天竺鼠不會碰觸到頂部，所以使用百圓商店的烤
肉網等就夠了。
最好用束線帶等加以固定。

關於天竺鼠的問卷

這份問卷詢問了48位有養天竺鼠的人，了解其天竺鼠的住處。

 Part 1

請問您為天竺鼠準備了什麼樣的住處？

※已篩除未回答與回答不知道的問卷。

使用改造過的衣物收納箱或雪貂專用飼育籠

自製飼育籠的細節
- 木製⋯⋯50%
- 網製⋯⋯50%

原來如此～

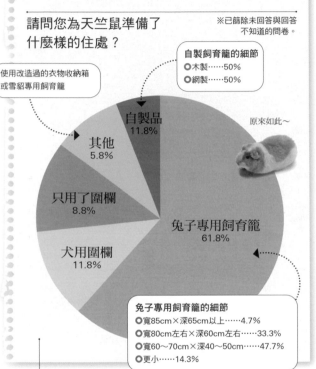

- 自製品 11.8%
- 其他 5.8%
- 只用了圍欄 8.8%
- 犬用圍欄 11.8%
- 兔子專用飼育籠 61.8%

兔子專用飼育籠的細節
- 寬85cm×深65cm以上⋯⋯4.7%
- 寬80cm左右×深60cm左右⋯⋯33.3%
- 寬60～70cm×深40～50cm⋯⋯47.7%
- 更小⋯⋯14.3%

使用兔子專用飼育籠的人佔壓倒性多數，這很有可能是因為小動物專賣店大多都建議使用兔子專用飼育籠。此外，看得出來也有不少人是結合圍欄與籠子來使用。當地板平坦時，使用大小適中的犬用圍欄也很適合。無論如何，因為天竺鼠專用飼育籠並不普遍，所以每位飼主打造出來的飼育環境也各異。哪一種最適合自己的天竺鼠？看來正確答案似乎只能靠自己摸索了。

牧草
最理想的狀態是只鋪牧草，並確實鋪滿整個地板。然而，如果在成本或清掃上備感負擔，可先在下面鋪毛巾、寵物尿墊與盆底網，再鋪上牧草，薄薄一層也好。

以毛巾或布來打造住處也OK
在牧草上放置爪子不太會勾到的割絨毛巾或布製的床等，作為天竺鼠的落腳處，可以提高舒適度。

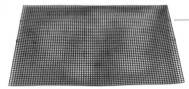

盆底網
在寵物尿墊上鋪一層盆底網，避免天竺鼠啃咬。至於盆底網的類型，選用百圓商店有販售的「中等網目」即可。

地板鋪材

考慮到天竺鼠的身體構造與野生環境，最理想的地板便是在土壤上鋪牧草。但若考量清掃時所費的工夫等，這種作法就有些不切實際。其實比較建議整個地板都鋪滿大量牧草，不過這種方法也很花錢，清掃起來又費力。話雖如此，還是希望避免使用會對天竺鼠的足部造成負擔的地板。

為了盡可能減少清掃時的麻煩，又不對天竺鼠造成負擔，可以考慮如照片所示的作法。鋪上厚厚一層毛巾可提高緩衝效果，還能緩和對足部與腰部的負擔。小便由鋪滿整區的寵物尿墊吸收。寵物尿墊上擺一層網格比金屬網來得細的盆底網，用來防止啃咬。最後，薄薄一層也好，用牧草鋪滿整區。

然而，這種方法只是其中一種範例。地板鋪材方便與否，還是要看天竺鼠的個性、癖好，或是飼主的感覺。最好把對天竺鼠身體的負擔考慮在內，摸索出最好的辦法。

寵物尿墊
在毛巾上方鋪一層寵物尿墊，以便吸收尿液。

毛巾
在最下面鋪一層毛巾，來增加緩衝性。不會直接接觸到足部，所以用任何材質的毛巾都無所謂。

 Topics

應慎選鋪地牧草的類型

常用於食用的提摩西牧草會吸收水氣，如果天竺鼠在上頭尿尿，就會一直處於濕答答的狀態。百慕達草則是透氣性與排水性俱佳，即便吃下肚也很安全，它的莖梗比其他牧草來得細，所以觸感也較為柔和。不過還得考慮到營養價值，務必另外準備別的牧草作為食物。

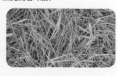

「鋪地牧草（百慕達草）」
三晃商會（股）

〔使用抽屜式飼育籠時〕

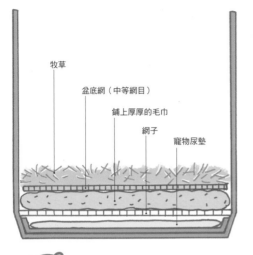

牧草
盆底網（中等網目）
鋪上厚厚的毛巾
網子
寵物尿墊

抽屜式飼育籠的優點在於通風性佳。當然，如果直接使用原本的網狀地板，糞便與尿液會直接落下，比較衛生，但是不能否認有腳趾被卡住而受傷或骨折的可能性。

左圖是運用前頁說明過的地板鋪材設置而成。寵物尿墊之所以鋪在抽屜內而非網狀地板上，是為了確保良好的透氣性，並且不讓尿液沿著地板擴散開來。在網子上鋪毛巾來製造緩衝性，再放一張盆底網。上頭最好鋪牧草，薄薄一層也好。

關於天竺鼠的問卷

這份問卷詢問了48位有養天竺鼠的人，了解其地板鋪材。

大家都費了不少工夫耶！

Part 2

請問您在天竺鼠的住處使用了哪一種地板鋪材？

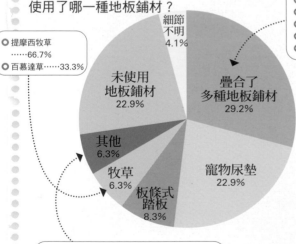

○ 寵物尿墊＋牧草……21.4%
○ 板條式踏板＋寵物尿墊……14.3%
○ 寵物尿墊＋盆底網……14.3%
○ 報紙＋寵物尿墊……14.3%
○ 其他……35.7%

○ 提摩西牧草……66.7%
○ 百慕達草……33.3%

細節不明 4.1%
未使用地板鋪材 22.9%
疊合了多種地板鋪材 29.2%
其他 6.3%
牧草 6.3%
寵物尿墊 22.9%
板條式踏板 8.3%

最常見的案例是疊合多層地板鋪材來使用。很多人都是使用寵物尿墊再加上其他東西，比如在寵物尿墊上鋪抓毛絨墊布或床單、牧草、盆底網等，以免天竺鼠啃咬寵物尿墊。那些回答只用寵物尿墊的人，應該是飼養的天竺鼠剛好不會啃咬尿墊吧。由此可見，無論是哪一種作法，寵物尿墊在飼養排泄物較多的天竺鼠時是不可或缺的。此外，那些沒有特別使用地板鋪材的人，大部分都是使用底部為金屬網的兔子專用飼育籠。

○ 報紙＋寵物尿墊＋廁砂
○ 板條式踏板＋寵物尿墊＋抓毛絨墊布
○ 寵物尿墊＋抓毛絨墊布
○ 寵物尿墊＋廁砂＋牧草
○ 隔尿墊＋寵物尿墊＋棉製床單

飲食容器（飲水器、飼料盆）

　　飲食容器最重視的是盛裝物不易溢出，且不易髒汙。固定式的產品在這方面十分出色，但是要清洗時必須拆下來再裝回去，稍嫌麻煩。

　　如果器皿裝水或食物後，要在籠中放置一整天或好幾個小時，建議使用較重的產品，天竺鼠較難打翻。至於蔬菜或水果等短時間內就會吃完的食物，則使用小碟子也無妨。如果是不鏽鋼製或塑膠製產品，還能保持衛生。

　　供水時，只要使用飲水器就不必擔心水會弄髒或溢出。飲水器吸嘴處的鋼珠重量也會因產品而異。最好確認不會太輕、太鬆而使水滴落，或是太重、太緊而讓天竺鼠無法順暢飲用。

固定式

「餵食器」
KAWAI

不鏽鋼製小碟子

器皿

「AQUA CHARGER 300」
三晃商會（股）

飲水器

「Happy Dish 圓形 M」
三晃商會（股）

「ECO BOTTLE MINI」
MARUKAN

「MULTI BOTTLE 500」
三晃商會（股）

牧草餵食器

供應牧草時，可以直接放在地板上，但是容易被排泄物弄髒。只要放進牧草餵食器，即可隨時提供衛生的牧草。想讓天竺鼠吃些不同於鋪地牧草的牧草時，也很方便。

小屋類

為了讓天竺鼠藏身且感到安心，小屋是不可或缺的。小屋有木製品、牧草編織品，也有以樹枝組合而成的產品等，設計上也是琳瑯滿目。最好選擇以安全材質製成、啃咬也不會危險的產品。然而，天竺鼠有其偏好，選擇飼主覺得可愛的產品，牠們有時會不肯使用。也很推薦設置呈袋狀的布製睡袋來代替小屋。

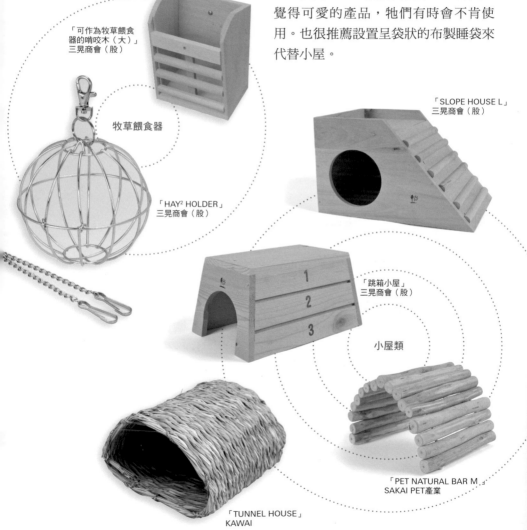

「可作為牧草餵食器的啃咬木（大）」三晃商會（股）

牧草餵食器

「HAY² HOLDER」三晃商會（股）

「SLOPE HOUSE L」三晃商會（股）

「跳箱小屋」三晃商會（股）

小屋類

「PET NATURAL BAR M」SAKAI PET產業

「TUNNEL HOUSE」KAWAI

溫濕度計

　　即便是同一間房間，溫度與濕度仍會因地點而異，溫度計與濕度計最好安裝在籠中天竺鼠所在的高度。此外，簡易型的溫濕度計也無妨，不過如果是能記錄最高與最低溫濕度的產品，還能掌握不在家時的狀況，較為方便。

溫濕度計

鎖扣

　　天竺鼠有時會打開飼育籠的門並逃走。其中，有些天竺鼠還會記住開門的方法。如果牠們在無人時擅自逃脫，有可能會引發意外或受傷，所以飼育籠的門最好裝上鎖扣。

鎖扣

打理用品

　　飼養在室內的天竺鼠，爪子不會被磨耗，所以剪趾甲是不可或缺的。此外，還要準備刷子或梳子來護理毛髮。尤其是長毛種，各種毛髮護理用品是必不可少的。

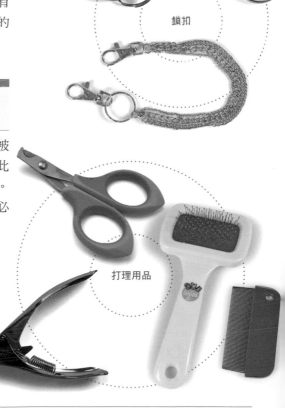

打理用品

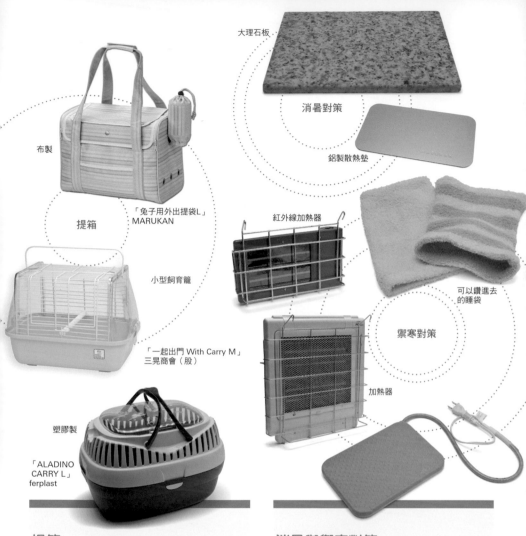

大理石板

消暑對策

鋁製散熱墊

布製

「兔子用外出提袋L」
MARUKAN

提箱

紅外線加熱器

小型飼育籠

可以鑽進去
的睡袋

「一起出門 With Carry M」
三晃商會（股）

禦寒對策

加熱器

塑膠製

「ALADINO
CARRY L」
ferplast

提箱

　　用於帶天竺鼠去動物醫院時，或是
清掃過程中須暫時移出籠外等時候。萬
一發生災難而必須避難時，也可以派上
用場。最好選擇可以在路途中讓天竺鼠
藏身、看不太到外面狀況又能確保透氣
性的產品。移動與清掃的方便性也要考
慮在內。為了避免天竺鼠在進出時受
傷，選擇出入口較大的產品為宜。

消暑與禦寒對策

　　基本上是使用空調來調節溫度與濕
度，不過還是必須在籠內設置消暑或禦
寒用品，讓天竺鼠自行靠近來取暖或降
溫。最好選擇溫度不會過高的保暖產
品，以免燙傷。

啃咬型玩具

噴霧型
清潔除臭產品

方便的用品

便盆

「刺蝟的
清潔型便盆」
MARUKAN

玩具

體重計

玩具

　　天竺鼠不像倉鼠，不需要滾輪般的運動用玩具，但是牠們最愛啃咬了。啃木等玩具並非必備品，但是若能利用這類產品讓天竺鼠不再啃咬飼育籠的金屬網，應該就比較不會引發咬合不正等問題（→關於咬合不正，詳見132～133頁）。也可以用撿來的天然木材作為啃木，但必須留意是否有農藥等化學藥劑殘留。

其他方便的用品

　　為了做好健康管理，體重計是必備品。只要有以g為單位、可測量至1kg以上的體重計即可安心。有些廚房料理秤可扣除裝天竺鼠的籃子等物品重量、算出正確體重，相當方便。

　　此外，天竺鼠的排泄量很大，備有噴霧型的清潔除臭產品可有效去除飼育籠的髒汙。若想讓天竺鼠學會如廁，亦可準備便盆來挑戰看看。

打造天竺鼠家的小巧思

關於如何打造天竺鼠的飼育環境，目前有各式各樣的想法。
在此訪問了幾位飼主，他們經過一番試錯與摸索後，找到了屬於自己的方法。

利用布來打造住處

我家的莫魯以前都是用兔子專用的飼育籠，但是在4歲左右，進出籠子時不小心卡到腳而受了傷。我想牠也有點年紀了，地板與出入口之間有高度差，應該很難來去自如吧？於是便換成了幼犬用的飼育籠。入口處呈緩坡狀，但為了謹慎起見，我鋪了軟墊來消除那微小的高度差。

至於地板鋪材，我是在最下方鋪了一層防水布。飼育籠左半邊是用來吃牧草與喝水的空間，所以在防水布上面放了衛生紙，再鋪2片網子來防止牠啃咬。網子和網子中間用防水布加以覆蓋，以免被縫隙夾到腳。飼育籠右半邊則作為休憩場所，先鋪了摺好的防水布，再放上2個睡袋。

在家裡基本上是放養的，所以飼育籠外也鋪了布製的軟墊。這樣天竺鼠比較不會腳滑，就算在上面撒尿，再清洗就好啦！牠特別喜歡架子下方，我在那區放置了天竺鼠專用床好讓牠放鬆休息。

大家可能會覺得，使用大量的布製品會讓尿液的清潔工作更辛苦，不過我本身很喜歡布的觸感，便布置成這樣的風格了。雖然清洗的次數增加，但是只要洗完就會變乾淨，我認為這也是布的好處。

✿ヒロ

幼犬用的飼育籠前面設置了小屋。
飼育籠周邊還放了飼育用品。

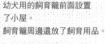

正在大口吃著
種在窗邊的新鮮牧草。
牠似乎吃得很開心，
因為很新鮮。

莫魯很喜歡架子下方，
所以用自製床
為牠打造了休息空間。

飼育籠與小屋都是按需求自製

　　我們從1970年代中期以來，就一直和天竺鼠相依為命。最後一起生活的天竺鼠中，2隻雌鼠同籠，另外1隻雄鼠則獨自養在一個籠子裡。為了那2隻雌鼠，我用寬80cm與寬60cm的飼育籠相接，確保了寬敞的空間。連小屋都想要大型款，便自己用木材組合打造完成。

　　順帶一提，我們特別費心把飼育籠擺放在看得到的地方。這是為了進行良好的交流，又不讓牠們感到有壓力。也經常讓牠們在房間或院子裡散步，不光我們開心，天竺鼠們也都玩得不亦樂乎呢！✿朝比余朋恵

可供2隻鑽進去的大型自製小屋。上面蓋了蕾絲布，用來讓牠們躲藏。

在院子裡盡情人吃無農藥的雜草！這是2隻正在冒險的天竺鼠。刷毛作業也是在院子裡進行。

彼此一直以來都有大量的接觸，所以似乎很喜歡親近人。照片是牠正在模仿人彈奏鋼琴。

還有其他各式各樣的巧思！

我在天竺鼠的飼育籠中鋪滿了牧草。為了讓籠內有溫暖與涼爽之處而時時做好溫度調節。牠們會自己移動到溫度宜人的地方。✿さんぴん

我們養了5隻，所以是把4個自製的飼育籠組在不鏽鋼架上來使用。大小為寬75×深80×高30cm。利用木材打造地板與牆壁的下框模，再用百圓商店賣的網子圍起來作為牆壁，沒有天花板。地板則是在寵物尿墊上鋪滿牧草，巢箱也是木製的自製品，寬30×深25×高27cm。手工製作的好處就是可以做出自己期望的大小。✿とよきち、メキコ

飼育籠與圍欄都是用百圓商店的烤肉網組合而成的自製品。飼育籠大約寬90×深45×高35cm，圍欄則是135cm見方。飼育籠的地板上鋪了寵物尿墊，並擺上中等網目的盆底網來防止啃咬。圍欄內則先放了軟木墊，再鋪上寵物尿墊與割絨毛巾，改善了足部的觸感。我特別留心為牠們提供美味的食物與新鮮的水，準備乾淨的被窩，連溫溼度都調整得十分舒適。除了每天清掃外，還會立即撿拾牠們的糞便。
✿秋月

捕捉到牠們在家放鬆的模樣！

我超愛吃玉米鬚！

午安，你是哪位？

在小屋裡好舒適～

歡迎來到我家～

在院子的圍欄裡散步中！

睡袋上也很舒服～

Chapter 4

天竺鼠的
飲食

天竺鼠的食物為何？

纖維質為天竺鼠的能量來源，也是維持腸內健康不可或缺的營養素。

纖維質的作用

天竺鼠是完全草食性動物。草食性動物又可區分為反芻動物與單胃動物，前者如牛般有多個胃，後者則只有一個胃。天竺鼠只有一個胃，透過飲食攝取的食物纖維會被腸內細菌分解，並在盲腸轉為VFA（揮發性脂肪酸），成為能量來源。因此，天竺鼠的腸子很長，小腸約為125cm，盲腸特別大，有15～20cm，而大腸則長達77cm左右。拜如此發達的腸道所賜，據說天竺鼠的纖維質消化力高於兔子，與馬或小馬不相上下。

如果提供天竺鼠纖維質少而蛋白質、脂肪、碳水化合物含量高的食物，會導致其腸內細菌失衡，壞菌增加而好菌減少，從而引發盲腸便秘等疾病，最壞的情況甚至有可能因腸毒血症（→詳見136頁）而喪命。對天竺鼠來說，纖維質就是如此重要的營養素。

此外，天竺鼠是藉著很長的消化道來進行消化，所以即使不太運動，也會消耗許多能量。牠們必須大量進食來獲取能量，所以一天中有大半時間都耗在吃東西上。

天竺鼠可以吃的東西

說到草食性，或許會令人聯想到盡是吃些葉子或莖梗的身影，但是野生的天竺鼠除了野草的葉子與莖梗之外，還會吃植物的根部、樹皮、果實等，攝取各式各樣的養分與纖維質。至於生活在住家的天竺鼠，飼主就必須準備這類食物的替代品，基本上會供應牧草、天竺鼠專用的固體飼料與蔬菜類。

或許有人會覺得這樣的飲食生活很單調，不過天竺鼠與一天只吃3餐、屬於雜食性動物的人類有所不同。人類的飲食中，米飯或麵包等食物的醣類，以及肉、魚等食物的脂質都是必不可少的，而有著不同消化功能的天竺鼠則不太需要醣類與脂質。此外，還有一些食物是人類可食但對天竺鼠而言卻是有毒的，比如洋蔥。天竺鼠的食慾旺盛，會想吃形形色色的食物，但是就算牠們想吃，也絕對不能餵食人類的食物。

主食　牧草　＋　天竺鼠專用固體飼料

補充食品　蔬菜類　好好進食，補充營養！

含維生素C的食物必不可少

體內無法產生維生素C是天竺鼠的特徵之一。據說只有人類、猴子、蝙蝠與天竺鼠是無法在體內製造維生素C的動物，因此，這些生物必須從食物中攝取維生素C。如果缺乏維生素C，人類會罹患壞血病等疾病，而天竺鼠也會陷入維生素C缺乏症（→詳見156頁）。天竺鼠專用的固體飼料中有添加維生素C，除此之外，亦可從營養輔助食品、蔬菜與水果中攝取（→詳見65頁）。

餵食天竺鼠的注意事項

天竺鼠一整天都會往嘴裡塞食物，不過大多集中在清晨與晚間進食。因此，蔬菜與水果最好以吃得完的分量早晚兩次提供，以免變質。固體飼料也請分早晚來餵食，即可維持新鮮度，營養成分與風味也比較不會流失。尤其纖維質，為了大量攝取，牧草更是不可少，最好備足可以吃上一整天且保持衛生的牧草。

此外，千萬別忘了一點：即便天竺鼠吃得很開心，也不見得適合其體質。比方說，市面上也有一些含麵粉與砂糖的餅乾，被當成小動物專用點心來販售，但是這些正是前述的「纖維質少而蛋白質、脂肪、碳水化合物含量高的食物」。最好盡量不要提供這些東西，以維持天竺鼠腸道的健康。

水果乾也含有大量糖分，所以是不太適合天竺鼠的食物。尤其懷孕中的天竺鼠，如果吃太多，有可能導致妊娠中毒症或難產（→詳見116頁）。

除此之外，最好避免餵食兔子等其他草食性動物專用的固體飼料，因為裡面並未添加天竺鼠所需的維生素C。另外，香草類給人一種與牧草類似且健康的印象，但是藥效會依種類而異，在餵食之前請先仔細調查天竺鼠是否可以食用（→詳見74頁）。

食糞亦為重要的營養來源

天竺鼠不光吃食物，還會定期吃自己的糞便。狗食糞一般被視為問題行為，但是天竺鼠的食糞之舉則屬於自然行為。牠們每天會多次將嘴巴湊近屁股，直接食用糞便。

天竺鼠的糞便通常呈細長的圓柱狀，但可食用的糞便是軟的，稱為「盲腸便」。盲腸便中含有豐富的維生素B群與蛋白質，天竺鼠便是透過食用盲腸便，將這類營養素與腸內細菌再次攝入體內。

此外，如果看到天竺鼠吃著偏水的糞便，那就不是盲腸便，而是腹瀉的糞便。這是一種腸胃狀況不佳的症狀，所以最好及早帶到動物醫院看病。

盲腸便也是重要的營養來源喔！

Topics

天竺鼠所需的營養素

纖維質……用來製造天竺鼠的能量來源「VFA（揮發性脂肪酸）」，也是活動腸胃並維持健康不可或缺的重要營養素。為了預防肥胖等疾病，餵食的食物至少要含有15%以上的纖維質。

脂肪……天竺鼠需要亞油酸與亞麻酸。食物的能量中必須含有這兩種成分，約需1～3%。

蛋白質……打造並維持肌肉與細胞，也包含在盲腸便中。固體飼料中含有18%左右的植物性蛋白質較為理想。

維生素C……建構血管、皮膚、黏膜與骨頭，打造出不易生病的體質。是必須透過進食來補充的營養素。每1kg的體重每天約需15～20mg的量，若是懷孕或哺乳期間則最好提供30mg以上的量。

礦物質……特別需要鉀與鎂。鈣的吸收效率極佳，多餘的部分會隨著小便一起排出。然而，攝取過多的鈣會引發尿路結石，所以最好留意不要過度供應（→關於尿路結石，詳見143頁）。此外，鈣與磷一旦失衡，還會引起轉移性鈣化。請以「鈣：磷＝1～2：1」的比例來提供。

水……每1kg的體重每天約需100ml的水。此外，生菜與新鮮牧草中也含有水分，所以有吃生菜或新鮮牧草時，飲水量會減少。有些天竺鼠不太喝水，也有些會喝太多而軟便。最好找出每一隻所適合的量。

其他……天竺鼠會在體內產生部分維生素B群，再透過盲腸便來攝取。其他必要的維生素則從固體飼料或蔬菜等來獲得。

關於維生素C

每1kg的體重需要15～20mg的量

規劃天竺鼠的食物時,務必記得一件事:天竺鼠沒有補充維生素C是會生病的。任何動物都是透過維生素C來維持血管、皮膚、黏膜與骨頭的韌度,所以維生素C可說是維持身體健康不可或缺的營養素。

大部分的哺乳類都可以在體內製造這種維生素C,唯獨人類、猴子、蝙蝠及天竺鼠無法在體內產生維生素C,所以必須透過飲食來補充。成年天竺鼠所需的維生素C量為每1kg體重15～20mg,懷孕或哺乳中的天竺鼠則需要30mg以上。罹患慢性的全身疾病時,也最好多供應一些。

一旦缺乏維生素,天竺鼠就會罹患維生素C缺乏症(加補;壞血病)(→詳見156頁)。據說這種疾病是10～15天左右沒有攝取維生素C就會發病。

補充維生素C

天竺鼠可以透過以下3種方法來補充維生素C。

- ● 食用天竺鼠專用的固體飼料
- ● 從蔬菜類中攝取維生素C
- ● 從營養輔助食品中攝取維生素C

遺憾的是,維生素C只要暴露在空氣或熱能中,或是一直接觸金屬,就會壞掉變質。因此,即便用心採用前述3種方法,如果固體飼料、蔬菜或營養輔助食品的保存方法不當,其中所含的維生素C可能在食用前就已經流失殆盡了。

天竺鼠的固體飼料或營養輔助食品最好放入金屬以外的容器中並加以密封,以免接觸到空氣或熱能。蔬菜的營養素也會隨著時間推移而逐漸流失,所以建議盡可能供應新鮮的。至於固體飼料、蔬菜類與營養輔助食品該如何挑選與餵食,將於後面幾頁說明。

好好吃飯,
攝取維生素C!

主食：牧草

新鮮牧草
也很美味呢♡

牧草是纖維質豐富的
健康食品

說到能夠維持天竺鼠健康的食物，當然少不了牧草。牧草富含纖維質且熱量低，大量食用即可整頓腸內環境、維持健康。此外，牧草的硬度適中，光是咀嚼就能自然而然地磨耗不斷生長的牙齒。

牧草可區分為禾本科與豆科2大類。提摩西牧草便是最具代表性的禾本科牧草，含有大量纖維質、熱量低，蛋白質與鈣的含量也低。

最具代表性的牧草：提摩西牧草

提摩西牧草又有1割、2割與3割之分。它是在春季至秋季之間收割，春季

至夏季前後收割的第一批牧草稱為1割，緊接著於入夏後再收割的牧草即為2割，從夏末至秋季前後收割的第三批則為3割。

1割的莖梗較粗，熱量與鈣含量都比2割與3割低，且纖維質豐富。2割與3

禾本科

提摩西牧草1割
是餵食天竺鼠最理想的牧草。
纖維質豐富，營養價值適中且鈣含量少。
還具備磨耗牙齒所需的硬度。

高纖燕麥草
糖分比其他禾本科的牧草來得高，很受天竺鼠喜愛，
但為了腸道健康，應留意不要供應太多。

克萊因草
纖維質豐富，熱量與鈣含量都不高，含有大量的鉀。
香氣獨特，喜歡與否會依天竺鼠而異。

66Chapter 4天竺鼠的飲食

割的提摩西牧草，莖梗會隨著收割次數增加而變細、變軟，較容易食用，但營養價值會逐批下降。

1割是最適合作為主食的牧草。如果天竺鼠吃的1割不多，或是不愛較硬的牧草，不妨提供2割或3割。

一般最常販售的提摩西牧草是產自美國或加拿大的進口乾燥牧草。除此之外，日本各地也有生產，又以北海道為大宗。

即便同為1割的提摩西牧草，其硬度、營養成分、葉子或花穗的狀態等，仍會因產地、當年的氣候或牧草的營養狀態等而有所不同。

提摩西牧草2割
莖梗比1割來得細，纖維質較少、較為柔軟，所以有時天竺鼠吃的量會比1割還要多。

提摩西牧草3割
相較於1割與2割，纖維質更少、更柔軟。

果園草
日本稱為鴨茅。有股甜甜的香氣，十分柔軟。即使是不喜歡硬牧草的天竺鼠也很容易食用。

百慕達草
排水性與透氣性俱佳，所以很常作為鋪地牧草來使用。熱量低，就算吃進肚子裡也無妨。

豆科

紫花苜蓿
營養價值高且含有大量的鈣，餵食過多可能造成尿路結石等疾病。是很適合在發育期或懷孕、哺乳期供應的牧草。

其他

牧草磚（乾草塊）
將牧草壓製成磚塊狀的產品，可以邊吃邊享受啃咬之趣。作為原料的牧草會依製造商而異，在購買前要先確認清楚。

其他禾本科牧草

百慕達草、黑麥草、果園草、克萊因草與高纖燕麥草也是禾本科的牧草（→詳見66～67頁）。

百慕達草不會吸水，經常作為鋪地牧草來使用。吃了也不會有問題，但最好留意不要被糞便或尿液弄髒，免得不衛生。

除了百慕達草之外，黑麥草也是莖梗較細的牧草，比較不那麼硬，所以最好也餵食提摩西牧草，以確保天竺鼠的牙齒得到適度的磨耗。

高纖燕麥草是以燕麥製成的牧草，糖分會比其他禾本科的牧草來得高，蛋白質也很高，僅次於果園草。克萊因草則是低熱量且低蛋白質的牧草，但香氣獨特，有些天竺鼠會不願意吃。

最好以提摩西牧草作為主食，其他牧草則當作點心，或是用來轉換心情時才餵食。

豆科牧草：紫花苜蓿

紫花苜蓿是豆科的牧草之一，它的蛋白質非常豐富，是大豆的2～4倍，還含有鈣與構成蛋白質的氨基酸，維生素A也很豐富，乾燥的紫花苜蓿牧草所含的胡蘿蔔素更是黃色玉米與紅蘿蔔的4～60倍，可說是營養均衡的食物。

所以，在天竺鼠出生後至體重停止增加為止的這段發育期，請務必予以餵食。然而，對於成年的天竺鼠而言，這種牧草的蛋白質與鈣含量過高，最好完

Check Point！

選擇牧草的重點

☐ 呈青翠的綠色～黃綠色，散發如茶葉般的迷人香氣

☐ 沒有發霉或長出蟲子

☐ 沒有布滿灰塵

☐ 沒有添加除臭成分等

牧草的營養成分 （果園草以外的都是進口牧草。單位：%）

取自「日本標準飼料成分表 2009年度版」

禾本科	水分	粗蛋白質	粗脂質	粗纖維	鈣	磷	鎂	鉀
提摩西牧草	11.1	7.2	2.0	30.5	0.31	0.18	0.12	1.63
百慕達草	9.1	8.1	1.5	22.5	0.52	0.18	0.19	1.88
高纖燕麥草	12.0	5.5	1.9	27.0	0.22	0.17	0.14	1.52
蘇丹草	10.4	7.1	1.4	28.9	0.43	0.22	0.32	2.42
義大利黑麥草	9.4	5.6	1.3	29.2	-	-	-	-
果園草※2	16.3	10.9	2.8	27.9	0.39	0.23	0.14	2.07
豆科								
紫花苜蓿※1	11.2	17.0	1.8	25.1	1.33	0.24	0.27	2.61

※1 指牧草而非種子。
※2 乾草、1割、出穗期的牧草之數據。

全不要提供，或是只當作點心來餵食就好。

此外，當天竺鼠懷孕、正值哺乳期、生病或因年老而食慾減退時，不妨與提摩西牧草一起提供，來增加牠們的活力。

良好牧草的識別法與保存法

寵物專用牧草大部分都是乾燥牧草，放著不管就會受潮，風味與營養成分都會逐漸流失。若再置之不理，還有可能長出蟲子或受損。網路銷售平台等處常有店家主打「新割」，強調是新採購的牧草。天竺鼠也偏好較新鮮的牧草，所以最好盡可能購買新鮮的產品。

可在網路銷售平台、小動物或兔子專賣店等處購買牧草。也有小包裝分售的產品，不妨試著訂購各種牧草來餵食天竺鼠。找到牠們喜歡的牧草後，建議以提摩西牧草為主，大量餵食。

此外，牧草愈大量購買愈便宜，但是新鮮度會隨著時間推移而降低。若又放在高溫多濕或陽光直射之處，營養會日益流失。

如果牧草放一段時間後受了潮，取要餵食的量在陽光下曬乾，或是以微波爐加熱，即可去除濕氣。也很建議分成小袋，與乾燥劑一起密封，使其難以接觸到空氣。

話雖如此，在家中保存牧草仍有其限度，最好還是盡可能少量購買比較好。

Check Point !

保存牧草的重點

☐ 不要放在陽光直射之處

☐ 不要放在氣溫與濕度較高的地方

☐ 盡量放在通風良好的陰涼處

☐ 分成小袋並放入乾燥劑，較易維持新鮮度

☐ 不要大量購買以至於要花超過半年的時間才用得完

利用新鮮牧草增進食慾

最近市面上也有販售提摩西牧草、義大利黑麥草與蘇丹草等未經乾燥的新鮮牧草，販售季節大多是在夏季至秋季之間。天竺鼠會吃得很開心，但因為含有水氣，即便吃了同樣的量，也無法攝取到與乾燥牧草等量的纖維質與營養成分。

為了讓天竺鼠嚐到進食的樂趣，不妨以新鮮牧草作為點心或配菜，少量地提供，有增進食慾的效果，建議可以在食量變小時餵食看看。

自己試著栽種新鮮牧草應該也不錯。燕麥的幼苗在家飾店或寵物商店很常作為貓草來販售。在種苗店或寵物商店還可以買到其他牧草的種子。

要餵我吃美味的牧草喔！

另一種主食：固體飼料

何謂固體飼料？

　　希望大家每天都以固體飼料搭配牧草來餵家中的天竺鼠。所謂的固體飼料，是指將各種材料濃縮成顆粒狀的乾燥食品。

　　牧草是一整天無限享用，而固體飼料基本上要量好分量，分早晚2次來供應。提供的固體飼料分量會根據品牌、天竺鼠的身體狀況與年齡而有所不同。剛接回家不久時，固體飼料不妨選擇天竺鼠之前食用的品牌，並僅供應一樣的分量。固體飼料的每日供應量以10～20g為基準，當牧草的食用量較少，或是顧慮到肥胖問題時，可以減少固體飼料的分量。

供應天竺鼠專用的固體飼料

　　請務必以天竺鼠專用的固體飼料來餵食天竺鼠。有別於其他草食性動物，天竺鼠無法在體內產生維生素C，所以天竺鼠專用的固體飼料中一定含有維生素C。其他草食性動物專用的固體飼料中，維生素C的含量沒那麼多，如果持續以此餵食，天竺鼠很有可能陷入維生素C缺乏症（→詳見156頁）。

　　此外，固體飼料的營養價值會隨著劣化而逐漸下降。選擇離消費期限還很久、新鮮度佳的產品，買回來後再分裝到小袋中並密封起來，這樣會比較放心。溫度或濕度較高的時期則最好存放在冷藏室裡，保存時切記不要直接照射到陽光。

以每日10～20g為基準！

硬度與顆粒大小會因製造商而有所不同。
最好配合天竺鼠的成長階段、健康狀態與喜好來挑選。

MARMOT SELECTION PRO
無麩質
（Yeaster）

TIMMY GUINEA PIG
PELLET
（American Pet Diner）

Essential Adult Guinea
Pig Food
（OXBOW）

挑選固體飼料

天竺鼠專用固體飼料的種類五花八門，有小圓柱狀、球狀或細長條狀等。每一款的硬度也各異，有硬質型乃至於軟質型可供挑選。硬質型是以磨得細碎的原料壓縮而成，所以較硬，而軟質型則是透過高溫加以凝結，所以較易於消化、吸收。

選擇固體飼料時，有下列3大參考重點。首先應確認是用什麼樣的牧草作為原料。如果天竺鼠正值發育期，可以選用以紫花苜蓿為主要原料、營養豐富的固體飼料，但長大後就要改用高纖維而低蛋白質、以提摩西牧草為基底的固體飼料。

接著還要確認硬度。太硬的固體飼料有時會傷害到牙根，所以最好避開。反之，太軟的會一口氣吃掉太多，所以那些用指尖一捏就輕易崩散開來的也不推薦。如果是成年的天竺鼠，應選擇硬度適中的產品，但假如是幼齡、高齡或有咬合不正等牙齒問題而咀嚼力較弱的天竺鼠，則要選用軟質型的較為理想。

此外，以前都會建議選擇偏硬的固體飼料以便磨耗牙齒，但是要磨耗牙齒就必須進行磨碎的動作，這樣的動作並非發生在咬碎固體飼料時，而是在食用牧草時邊吃邊磨。為了預防咬合不正，應讓天竺鼠大量食用牧草為宜。

固體飼料的供應方式

一天2次，早晚定時供應。固體飼料的每日供應量以10～20g為基準。不妨觀察天竺鼠的糞便狀態與身體狀況來做增減。如果突然改變提供的固體飼料，天竺鼠有時會不吃，變換固體飼料時，最好一點一點慢慢增加新款的固體飼料，並逐漸減少舊款的。

發育期的幼齡天竺鼠……主原料：紫花苜蓿。在喝母乳的期間，用水泡開來餵食。離乳後則提供軟質型，直到具備咀嚼力為止。

已成年的健康天竺鼠……主原料：提摩西牧草。提供硬度適中的固體飼料，不要太硬也不要太軟。

懷孕或哺乳期的天竺鼠……將在此之前所吃的一部分，或是全部的固體飼料都換成以紫花苜蓿為主原料、低蛋白質且低鈣的產品。硬度適中即可。

生病或高齡的天竺鼠……如果不再表現出食慾，可添加營養價值高、以紫花苜蓿為基底的產品，配合其身體狀況來增量。咀嚼能力因咬合不正等問題而變弱時，則選用軟質型為宜。

如果飼養多隻天竺鼠，應確認是否每一隻都有吃到所需的分量，確保沒有被其他隻搶食殆盡。

補充食品：蔬菜、水果等

蔬菜與水果

蔬菜的供應方式

蔬菜是相當重要的食材，可以讓天竺鼠攝取到維生素C，並感受進食的喜悅。

如果供應過多，牠們可能會降低牧草或固體飼料的食用量、拉肚子，甚至營養失衡，所以必須格外注意。

蔬菜也有助於促進食慾，不妨確認天竺鼠糞便的狀態，分早晚2次供應適當的量。

此外，蔬菜與水果都可能會有農藥殘留於表面，在供應之前，請先用流水確實清洗，瀝乾水氣後再餵食。

天竺鼠可食蔬菜水果營養價值一覽表（以100g為單位）

※Tr：雖然沒有測出來，但一般認為含有微量。

蔬菜與水果	水分	蛋白質	脂質	碳水化合物	礦物質	鈉	鉀	鈣	磷	鈣與磷的比例	鎂	鐵
蕪菁菜	92.3	2.3	0.1	3.9	1.4	15	330	250	42	5.95	25	2.1
花椰菜	90.8	3.0	0.1	5.2	0.9	8	410	24	68	0.35	18	0.6
高麗菜	92.7	1.3	0.2	5.2	0.5	5	200	43	27	1.59	14	0.3
小黃瓜	95.4	1.0	0.1	3.0	0.5	1	200	26	36	0.72	15	0.3
小松菜	94.1	1.5	0.2	2.4	1.3	15	500	170	45	3.78	12	2.8
番薯	66.1	1.2	0.2	31.5	1.0	4	470	40	46	0.87	25	0.7
沙拉菜	94.9	1.7	0.2	2.2	1.0	6	410	56	49	1.14	14	2.4
芹菜	94.7	1.0	0.1	3.2	1.0	28	410	39	39	1.00	9	0.2
白蘿蔔葉	90.6	2.2	0.1	5.3	1.6	48	400	260	52	5.00	22	3.1
青江菜	96.0	0.6	0.1	2.0	0.8	32	260	100	27	3.70	16	1.1
番茄	94.0	0.7	0.1	4.7	0.5	3	210	7	26	0.27	9	0.2
紅蘿蔔（有根、帶皮）	89.5	0.6	0.1	9.1	0.7	24	280	28	25	1.12	10	0.2
白菜	95.2	0.8	0.1	3.2	0.6	6	220	43	33	1.30	10	0.3
荷蘭芹	84.7	3.7	0.7	8.2	2.7	9	1000	290	61	4.75	42	7.5
青椒	93.4	0.9	0.1	5.1	0.4	1	190	11	22	0.50	11	0.4
甜椒（紅椒）	91.1	1.0	0.2	7.2	0.5	Tr	210	7	22	0.32	10	0.4
青花菜	89.0	4.3	0.5	5.2	1.0	20	360	38	89	0.43	26	1.0
鴨兒芹（山芹菜）	94.6	0.9	0.1	2.9	1.2	3	500	47	47	1.00	21	0.9
草莓	90.0	0.9	0.1	8.5	0.5	Tr	170	17	31	0.55	13	0.3
奇異果	84.7	1.0	0.1	13.5	0.7	2	290	33	32	1.03	13	0.3
蘋果	84.9	0.2	0.1	14.6	0.2	Tr	110	3	10	0.30	3	Tr
	(g)	(g)	(g)	(g)	(g)	(mg)	(mg)	(mg)	(mg)	(mg)	(mg)	(mg)

蔬菜類中的維生素C

內含大量維生素C的蔬菜，有小松菜、甜椒、小白菜、青花菜、番茄（務必去掉蒂頭與葉子）、荷蘭芹、白蘿蔔葉、蕪菁葉等。

應格外留意不要餵食過多像荷蘭芹這類鈣含量高的蔬菜。最好提供各式各樣的蔬菜以免營養失衡，不妨找找比較好咬的類型。

此外，吃剩的蔬菜新鮮度會降低，不但維生素C含量減少，還不衛生，建議只提供吃得完的分量。

亦可從奇異果、柳橙與蘋果這類水果中攝取維生素C，但是內含糖分，要留意用量。紅蘿蔔與小黃瓜中含有維生素C分解酶，但只要不大量餵食就無妨。白菜或萵苣的含水量高而營養價值偏低，最好不要提供，或是僅少量供應來刺激食慾。

取自《五訂食品成分表》

鋅	銅	錳	維生素A（視黃醇當量）	維生素E（α-生育醇）	維生素K	維生素B1	維生素B2	維生素B6	菸鹼酸	葉酸	泛酸	維生素C	多元不飽和脂肪酸	食物纖維
0.3	0.10	0.64	230	3.1	340	0.08	0.16	0.16	0.9	110	0.36	82	–	2.9
0.6	0.05	0.22	2	0.2	17	0.06	0.11	0.23	0.7	94	1.30	81	–	2.9
0.2	0.02	0.15	4	0.1	78	0.04	0.04	0.11	0.2	78	0.22	41	0.02	1.8
0.2	0.11	0.07	28	0.3	34	0.03	0.03	0.05	0.2	25	0.33	14	0.01	1.1
0.2	0.06	0.13	260	0.9	210	0.09	0.13	0.12	1.0	110	0.32	39	0.08	1.9
0.2	0.18	0.44	2	1.6	0	0.11	0.03	0.28	0.8	49	0.96	29	0.06	2.3
0.2	0.04	-	180	1.4	110	0.06	0.13	0.06	0.3	71	0.25	14	0.06	1.8
0.2	0.03	0.11	4	0.2	10	0.03	0.03	0.08	Tr	29	0.26	9	0.03	1.5
0.3	0.04	0.27	330	3.8	270	0.09	0.16	0.18	0.5	140	0.26	53	0.03	4.0
0.3	0.07	0.12	170	0.7	84	0.13	0.07	0.08	0.3	66	0.17	24	–	1.2
0.1	0.04	0.08	45	0.9	4	0.05	0.02	0.08	0.7	22	0.17	15	0.03	1.0
0.2	0.04	0.10	760	0.5	3	0.05	0.04	0.11	0.7	28	0.40	4	0.03	2.7
0.2	0.03	0.11	8	0.2	59	0.03	0.03	0.09	0.6	61	0.25	19	0.03	1.3
1.0	0.16	1.05	620	3.3	850	0.12	0.24	0.27	1.2	220	0.56	120	–	6.8
0.2	0.06	0.10	33	0.8	20	0.03	0.03	0.19	0.6	26	0.30	76	0.05	2.3
0.2	0.03	0.13	88	4.3	7	0.06	0.14	0.37	1.2	68	0.28	170	–	1.6
0.7	0.08	0.22	67	2.4	160	0.14	0.20	0.8	0.27	210	1.12	120	–	4.4
0.1	0.02	0.42	270	0.9	220	0.04	0.14	0.06	0.6	64	0.30	13	–	2.3
0.2	0.05	0.20	1	0.4	0	0.03	0.02	0.04	0.4	90	0.33	62	0.05	1.4
0.1	0.11	0.11	6	1.3	0	0.01	0.02	0.12	0.3	36	0.29	69	0.06	2.5
Tr	0.04	0.03	2	0.2	Tr	0.02	0.01	0.1	0.03	5	0.09	4	0.02	1.5
(mg)	(mg)	(μg)	(μg)	(μg)	(mg)	(mg)	(mg)	(mg)	(μg)	(mg)	(mg)	(g)	(g)	

香草與野草

香草與野草具有藥效，只要使用得當，會是相當方便的食材，但有些也帶有毒性。請避免在缺乏知識的情況下，僅出於「看起來好像不錯」的想法就大量餵食。透過牧草、固體飼料與蔬菜即足以維持營養均衡，如要提供香草或野草，最好僅作為點心，少量餵食一些較安全的。

可以放心供應的野草有蒲公英、繁縷、車前草、薺菜、三葉草等。採摘野草時，應選擇沒有沾染農藥、動物糞便、尿液或廢氣的地方。

可以放心作為點心來提供的香草有平葉荷蘭芹、芝麻菜與羅勒等。香草與野草也和蔬菜一樣，都要先用流水確實清洗，瀝乾水氣後再餵食。

營養輔助食品

身體狀況不佳或懷孕、哺乳期間等，需要比平常更多維生素C的時候，也餵食一些營養輔助食品會比較放心。維生素C的每日所需量以每1kg的體重約15～20mg為基準。即便攝取多一點也會隨著小便一起排出體外，但最好還是不要供應多出所需好幾倍的量。

營養輔助食品有2種類型，即藥錠款與溶於水中飲用的粉末款。大部分粉末款的成分有90%以上是維生素C，混合物少而令人放心，但是溶解而成的水是酸的，有些天竺鼠不喜歡。此時可以改用藥錠款，當作點心來食用，但有些產品會為了凝結成顆粒狀而摻雜了穀類。無論如何，最好抱持這樣的觀念：維生素C基本上要從食物中攝取，營養輔助食品終究只是輔助之用。

可食的野草

蒲公英　　　　　　　繁縷　　　　　　　　車前草

三葉草　　　　　　　薺菜　　　　　　　　紫雲英

其他像是高山著、麥草、狗尾草、纖毛披鹼草等也是可食用的。

禁止餵食的食物

不亂餵食以保其性命

即便是不適合自己身體的食物，天竺鼠也不懂得判別，還是會吃下肚，所以飼主最好為牠們好好挑選食物。

有毒食物

切勿餵食洋蔥或蔥等蔥類、韭菜、大蒜、馬鈴薯的芽或皮、酪梨等，這些有可能會讓天竺鼠的身體出狀況，或是引發中毒症狀，最壞的情況下，甚至可能危害其性命。

此外，番茄是可食的，但其蒂頭與莖葉都是有毒的，生的豆子也有毒性。如果在陽台或窗邊栽種蔬菜，最好不要讓天竺鼠靠近。

巧克力與咖啡也會引發中毒症狀，絕對不能讓牠們吃下肚。

應避免餵食的食物

天竺鼠是以纖維質作為能量來源，所以不像人類需要那麼大量的脂肪。固體飼料中所含的脂肪成分就綽綽有餘，最好不要再餵食葵花籽或堅果類。

攝取過多碳水化合物會在腹中造成過度發酵，導致腸道狀況變差。因此，雖然天竺鼠很愛吃玉米、小麥或燕麥的種子，還是要避免餵食。

人類的食物也是NG的

正如前面已經提到的，務必讓天竺鼠遠離巧克力、咖啡與蔥類等。除此之外，人類的食物很多都使用了鹽與油

有毒的蔬菜

韭菜

大蒜

馬鈴薯的芽或皮

酪梨

洋蔥或蔥等蔥類

其他還有很多植物對天竺鼠而言都是有毒的，比如夾竹桃、洋金花與血紅石蒜等。天竺鼠無法區分可食的植物與危險的植物。不能餵食自不待言，還要避免牠們靠近。

脂，天竺鼠吃了會對內臟造成負擔。還有餅乾等點心也含有大量糖分，是造成肥胖或在腹中引起異常發酵的原因。

飼主最好有「雜食性的人類的食物不適合草食性的天竺鼠」的概念，避免餵食。

溫度不當之物

最好不要因為夏天炎熱就提供冰塊，這會讓天竺鼠的內臟受寒。提供給天竺鼠的食物最好是不冷也不熱的常溫。

然而，寒冬時節如果飲用水太冰冷，天竺鼠也有可能不願意喝。這種時候請在飲用水中添加溫水。

要注意食物的狀態

小松菜或青花菜等蔬菜對其身體有

益，但如果放太久或變質，就不該拿來餵食。尤其是夏天，即便提供時是新鮮的，吃剩的還是會損壞。

蔬菜類最好挑選新鮮的，並且只提供可以立即吃完的量。如果吃剩了，應在其變質前移除。

也要遠離觀葉植物

栽種的蔬菜也好，觀葉植物也罷，對天竺鼠而言都一樣是植物。如果放置在房間內，牠們或許會不假思索地吃下肚。

除了確定安全無虞的蔬菜以外，其他植物都要格外留意，避免不小心餵食或讓天竺鼠靠近。

有毒的觀葉植物

長春花

常綠杜鵑亞屬植物

水仙

馬醉木

牽牛花

姑婆芋

理想的菜單範例

　　應該也有人想為天竺鼠準備食物，卻一時想不到該規畫什麼樣的菜單吧？在此試著為這些人列出幾種供應給天竺鼠的菜單範例。除此之外，再加上蔬菜或維生素C的營養輔助食品等來作為點心應該也不錯。

　　除了這裡列出的蔬菜外，還有很多蔬菜都可以用來餵食天竺鼠。重點在於供應含維生素

吃新鮮牧草
度過點心時間♪

C的蔬菜，還要搭配變化豐富的其他蔬菜，以便攝取各種營養素。不妨也參考72～76頁，提供形形色色的蔬菜吧！

早晚固定供應

(固體飼料)

10g

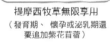

(牧草)

提摩西牧草無限享用
（發育期、懷孕或泌乳期還
要追加紫花苜蓿）

(水)

大量新鮮的水

早晚都要供應的蔬菜類

菜單 **1**

小松菜　　　　番薯　　　　　紅蘿蔔
　　　　　　（1～2片薄切片）

青花菜　　　荷蘭芹

－－－－－－－－－－－－ 一共250ml
　　　　　　　　　　　　（切碎後）

蘋果
（1片薄切片）

菜單 **2**

小松菜　　　　沙拉菜　　　　甜椒

芹菜　　　　白蘿蔔葉

－－－－－－－－－－－－ 一共250ml
　　　　　　　　　　　　（切碎後）

奇異果
（1/8個）

理想的菜單範例

菜單 3

紅蘿蔔　　番薯　　沙拉菜
　　　（1～2片薄切片）

花椰菜　　芹菜

一共250ml
（切碎後）

蘋果
（1片薄切片）

菜單 4

青江菜　　荷蘭芹　　青花菜

沙拉菜　　甜椒

一共250ml
（切碎後）

奇異果
（1/8個）

菜單 5

青江菜　　紅蘿蔔　　高麗菜

小黃瓜　　青花菜

一共250ml
（切碎後）

草莓
（1/8個）

菜單 6

小松菜　　番薯　　花椰菜
　　　（1～2片薄切片）

荷蘭芹　　甜椒　　鴨兒芹

番茄

無水果

一共250ml
（切碎後）

其他

　　在兩餐之間，少量提供蔬菜、野草或天竺鼠專用營養輔助食品作為點心也無妨，很推薦禾本科的新鮮牧草。蔬菜則選擇纖維質豐富而澱粉質與糖分較低的。水果的糖分高，不給或少給為宜。

Chapter **5**

與天竺鼠
一起生活

天竺鼠的特質

請好好了解我們，
成為我們的好夥伴♪

認識其特質
以便和睦相處

天竺鼠是比較乖巧、順從而容易飼養的動物。屬於被掠食動物，所以容易擔心受怕，要花些時間才能適應並開始撒嬌。但只要了解牠們的特質，掌握訣竅好好照顧，一定可以培養出好感情。

對壓力很敏感

天竺鼠對壓力很敏感，只要感到害怕，健康就會亮紅燈，或是長時間保持高度警戒。

最好準備一個天竺鼠可以放鬆的環境，在感情變融洽之前，不要勉強擁抱、觸摸或目不轉睛地盯著看，以免牠們感到恐懼或坐立難安。

不適合日本的氣候

天竺鼠原本棲息於南美洲，故而體質不適合濕度高且冷熱溫差大的日本氣候。最好將溫度與濕度調整為令天竺鼠感到舒適的狀態。

排泄量較大

天竺鼠的排泄量比其他小動物還要多。如果在清掃上偷懶，牠們很可能因為不衛生而染上皮膚病等疾病。

為了讓牠們生活在衛生的環境中，每天的清掃工作必不可少。

不會立刻展現出症狀

天竺鼠是被掠食動物。一旦被發現身體虛弱，就會遭掠食動物襲擊，所以即便身體狀況不佳或生病，乍看之下是看不出來的──這點可說是所有被掠食動物的共通現象。

最好定期接受健康檢查，以便早期發現疾病。此外，切莫忘了每天檢視其健康狀況。

表現力豐富

天竺鼠原本是群居生物，具有透過各種叫聲或肢體語言來溝通的社會性。不妨慢慢去了解牠們會在什麼時候發出什麼樣的聲音、展露什麼樣的姿態。

其他

另外還有剪趾甲、按摩或沐浴等詳細的照護訣竅，以及互動的方式，讓我們在這個章節先確認清楚吧！

剛接回家時該怎麼做？

在牠們適應新環境之前，默默觀察守護

終於要開始和天竺鼠一起生活了！接回家後，最好立刻把牠們從提箱移到飼育籠裡。

請依照右邊檢視清單的指示，將飼育籠放置在能讓天竺鼠感到放鬆的地方。畢竟牠們也會對新環境感到緊張，或因為移動而疲累。請留意不要過度關注牠們，比如多次觸摸或目不轉睛地盯著看等。

接回家後的頭幾天到一週左右，天竺鼠大多會躲在小屋內。清掃或餵食時，輕聲告知即可，別驚擾了牠們。在此同時，檢視其排泄物的狀態，確認身體是否有異狀。

剛接回家不久的那段時期，如果受到過度的關注而感到畏懼，天竺鼠會變得格外警戒。為了順利地與牠們和睦相處，請等到接回家一週左右之後，牠們走出小屋的次數增加或展露出理毛的模樣，再試著撫摸或一起玩耍。

此外，在天竺鼠漸漸適應後，最好也帶牠們到動物醫院完成健康檢查。

Check Point !

檢視飼育籠的擺放位置！

- □ 是否為飼主視線所及之處？
- □ 是否為能夠管理溫度與濕度之處？
- □ 最好遠離窗邊
- □ 避免暴露在直射的陽光下
- □ 避免直接吹到空調的風或縫隙風
- □ 避免通風不佳或濕氣較重的地方
- □ 不可放置於陽台或停車場等戶外
- □ 不可放置於穩定性差的架子上等地方
- □ 是否為不會接觸到其他動物的地方？
- □ 不可為電視或喇叭旁這類會發出噪音的地方
- □ 不可放置在洗手間或廚房等有水的地方

好緊張喔！忐忑不安……

剛接回家的頭幾天，天竺鼠會很緊張。最好盡可能讓牠們安靜地度過。

與天竺鼠的感情變得更融洽

配合天竺鼠的步調，漸進式地互動

接回家一週左右後，天竺鼠會變得比較穩定而開始理毛或經常走出小屋，不妨開始與牠們互動。

然而，如果天竺鼠還沒完全適應就把牠們抱起來，或在牠們試圖逃跑時加以束縛，牠們會覺得好像被肉食性動物捕獲了而備感壓力。

一開始不妨先從溫柔地撫摸身體開始，觀察天竺鼠的模樣，一點一滴增加互動的時間，逐漸縮短距離。

不過天竺鼠原為夜行性動物，所以建議把一起玩耍的時段安排在早上或是傍晚到晚上之間。

此外，牠們的個性也很豐富多樣，有些要花較多時間才能適應，有些一下子就會開始撒嬌。

把這些視為每隻天竺鼠的個性，配合牠們，漸進式地培養出好感情吧！

與天竺鼠互動的方式

不妨先從撫摸開始

初次互動時，僅止於溫柔地從頭撫摸到背部的程度。

天竺鼠被摸時如果瑟瑟哆嗦，或是磨牙發出威嚇，表示牠感到很害怕，最好暫時停止撫摸，先觀察其狀況。

試著放出籠外

等到天竺鼠不再害怕撫摸後，不妨試著訂下玩耍的時間，把牠們放出籠外。

剛開始每隔2～3天讓牠們在籠外待30分鐘左右，目的在於讓牠們適應籠外與飼主，所以先不要抱牠們。

接下來則僅止於撫摸身體，並從旁守護、觀察牠們在房間內探索的模樣。

試著放在膝蓋上

待天竺鼠習慣籠外，且被撫摸時會很舒服似的瞇起眼睛或是主動靠過來，便可試著把牠們放在膝上。

如果抱起來放在大腿上就讓牠們嚇到逃跑，不妨利用作為點心的蔬菜來誘惑牠們。餵食過多點心會吃壞肚子，所以要留意別給太多。

變得更和樂融融！

一旦與飼主之間建立起信賴關係，天竺鼠就會漸漸開始期待一起玩耍的時間。

只要每天在同一時間放出籠外，牠們還會記住玩耍的時間，甚至可能會發出聲音，催促著要人放牠們出去。

餵食蔬菜等作為點心、按摩身體，或各自在喜歡的地方放鬆，一起度過悠哉而幸福的片刻時光吧！

大聲叫喊或
發出噪音

天竺鼠的聽覺十分敏銳，
討厭巨大聲響或噪音，
會受到驚嚇而害怕。

直接與其他
動物見面

可能會因此染上共通傳染病，
尤其是遇到肉食性動物，
只會成為其壓力來源。

禁止對天竺鼠
做的事

粗魯地抓住

一旦被束縛而處於無法抵抗的狀態，
會讓屬於被掠食動物的天竺鼠
覺得生命受到威脅。

追逐

明知牠們不喜歡卻追著牠們跑，
與欺負無異，
絕對禁止這種行為！

突然抱起來

會讓牠們覺得好像遭到天敵的
襲擊而心生恐懼。

蔬菜或水果等點心有助於拉近與天竺鼠之間的距離。
但是餵食過多有可能導致肥胖、腹瀉或便祕等。
即便牠們很想吃，也要留意不要給太多。

每天的照顧工作

清掃飼育籠

天竺鼠的排泄量大，所以每天勤勞地清掃是不可或缺的。如果不清掃，對排泄物置之不理，會導致黴菌滋生而散發出惡臭。甚至會因為足部等部位沾濕而造成皮膚病，尿液所產生的氨氣也有可能引發呼吸器官的疾病。每天清掃2次左右較為放心。

此外，如果太想把飼育環境整頓乾淨而一天換好幾次地板鋪材，或是每隔幾分鐘就撿拾一次糞便，會對天竺鼠造成壓力。

建議訂下早、晚等時間來進行清掃，天竺鼠也會記住打掃的時間，就比較不容易感到有壓力。

另外，如果打掃得太乾淨而徹底消除了天竺鼠的氣味，住起來反而不舒適。

過於努力打掃並花太多時間在每天的照顧工作上，對飼主而言很可能成為一種負擔。以維持衛生的程度並快速地進行清掃為宜。

每日的清掃順序

1 將天竺鼠放出籠外

打掃期間讓天竺鼠待在飼育籠外。也可以讓牠們待在房間裡玩耍，不過如果房間裡有很多東西，牠們很有可能會在飼主視線離開的空檔引發誤食等事故。讓牠們待在圍欄或提箱內會比較安心。

2 丟棄所有地板鋪材

天竺鼠的排泄量大，所以地板鋪材必須全數換新。還要檢視糞便與尿液的狀態，確認健康是否有問題。

3 清掃飼育籠

飼育籠內的糞便與尿液也要全部清除，使用不含合成清潔劑的寵物專用清潔除臭噴霧或醋水，擦去髒汙。還要確認飼育籠周圍是否有汙垢、排泄物或掉毛等，一一清理乾淨。

清掃過後仍有令人在意的氣味時，可以在地板鋪材下方鋪一層有除臭效果的寵物尿墊，或是撒些小蘇打粉，多少可以減少異味。

4 放入新的地板鋪材

確實瀝乾飼育籠的水氣後，將新的地板鋪材放入，再將天竺鼠放回籠中。

供應食物與水

將飲食容器清洗乾淨

分早晚2次,將食物盆與飲水器清洗乾淨並瀝乾後再使用。

天竺鼠一天中大半時間嘴裡都裝著食物,所以水中特別容易混著食物的碎屑。

為了維持衛生,務必好好洗滌飲水器,連吸嘴部位都要清洗,再注入新鮮的水。

供應吃得完的量

將新鮮的固體飼料、蔬菜或水果,放進洗乾淨的食物盆內餵食。

蔬菜或水果如果沒吃完,會變質或沾到排泄物而弄髒,所以最好在飼主在家時才餵食蔬菜或水果,且提供吃得完的量,吃剩的則從籠中移除。

供應滿滿的牧草

即便牧草盒裡還有剩餘的牧草,最好還是移除並放入大量新鮮牧草。因為天竺鼠也有自己的喜好,有時會只吃牧草上喜歡的部位,比如葉子或花穗等,其餘就不吃了。此外,即便牧草乍看之下很乾淨,卻可能有毛髮沾附或被大小便濺到。

為了確保天竺鼠吃到足夠的牧草,請提供大量新鮮的牧草。

Topics

牧草、飼料與清掃用品皆集中整理於一處並妥善保管

照顧天竺鼠很花時間與心力,為了快速進行照顧工作,多少節省一些工夫,把牧草、飼料與清掃用品都集中放置在飼育籠旁邊會比較放心。

只要善用附蓋子的收納用品,就不需要擔心天竺鼠到籠外玩耍時會把玩。最好平日裡就做好整理整頓,以便快速拿取並維持清潔。

定期的照顧工作

飼育環境大掃除

即便每天都清掃，飼育環境還是會漸漸變髒。最好盡量每週，如果有困難的話則每2週，做一次飼育籠與飼育用品的大掃除。

清洗飼育籠

❶清空飼育籠並拆開來

最好先將天竺鼠移出飼育籠，讓牠們待在圍欄或提箱內。

❷在浴室等處徹底清洗

飼育籠的接合處或邊緣很容易堆積汙垢，所以要特別加強清洗。

❸溶解並清除尿結石

如果尿液化為白白的尿結石並附著在飼育籠的地板上，不妨鋪上一張浸泡過醋的廚房紙巾，靜待10～20分鐘。尿結石中的鈣成分會遭分解，汙垢較容易脫落。接著用菜瓜布或海綿刷洗，並以水徹底沖乾淨，避免氣味殘留。

可以的話，
最好每週徹底清洗
飼育籠。

洗淨並消毒飼育用品

❶小屋也要徹底清洗

若糞便的髒汙或尿液滲透，光靠清洗無法去除汙垢時，可以將小屋先浸泡在裝滿水並加了少許醋的桶子中，如此一來，汙垢會比較容易脫落。

清洗木製小屋時，最好選擇濕度低的日子，使其徹底乾燥。如果長出黑色黴菌等，就要換成新的。

❷飲水器的內部也要清洗乾淨

光靠沖洗並無法去除飲水器內的黏液。最好利用杯子專用刷等，並倒些洗潔劑，伸進去清洗。若用廚房用漂白劑來殺菌，會更加安心。

❸陶器或不鏽鋼製的食物盆要以熱水消毒

將熱水淋在陶器或不鏽鋼製的食物盆上，進行消毒。塑膠製的容器不耐熱，不妨利用廚房用漂白劑來殺菌，並徹底沖洗。

還要定期打理身體

每週務必量一次體重。用廚房用磅秤來測量也無妨。當天竺鼠躁動不安而難以測量時，可以在磅秤上鋪一層布，再將牠們喜歡的蔬菜或點心放上去，測量時應該就會乖乖待在上面吃東西。

趾甲也需要定期護理。剪趾甲的頻率會依每隻天竺鼠而異，覺得長長了就剪掉（→詳見98～99頁）。

在春、秋的換毛期，掉毛會逐漸增加，不妨透過刷毛來去除掉多餘的毛，

以預防毛球症等腸胃問題（→詳見96～97頁）。

尤其是長毛種，每日的刷毛作業必不可少。如果放著不管，毛裡會藏汙納垢而變得不衛生，纏在一起的毛會變得如毛氈般結成塊。最糟的情況下，身體會無法動彈，還有可能罹患皮膚病。

另一方面，無毛天竺鼠則因為沒有毛，所以不需要刷毛，但容易受到外界氣候的影響，所以最好留意溫度的管理。

除此之外，還要洽詢專業醫師，定期到醫院做健康檢查，或是為有咬合不正的天竺鼠做牙齒護理。

定 期 的 照 顧 工 作

每週要做的事	量體重、刷毛（僅長毛種）
每週～隔週要做的事	飼育籠的大掃除、飼育用品的清洗與消毒
視其狀態而做的事	換毛期的刷毛作業、剪趾甲
每個季節要做的事	到醫院做健康檢查（如果有慢性病，則須向醫院洽詢檢查的頻率）

炎熱時期與寒冷時期的照顧工作

消暑措施

對天竺鼠而言，最舒適的溫度是18～24度（無毛天竺鼠約為20度），濕度則為40～60％。溫度與濕度會因房間的位置不同而有所變化，請透過裝在飼育籠上的溫濕度計來確認溫度與濕度是否合適。

飼育籠的擺放位置如果靠近窗邊，或是有陽光直射，氣溫很可能會急速上升。最好將飼育籠擺放在較不易受到天氣影響的地方。

空調在調節溫度與濕度上是不可或缺的，但如果開太強，也有可能害牠們的身體受寒而生病。須留意別讓空調的風直接吹到飼育籠，並遠離電風扇的風。

除了空調以外，墊在下方吸熱的大理石或鋁製散熱墊等抗暑用品也很方便。建議也可以用毛巾包覆冰凍過的保冷劑或寶特瓶，放在天竺鼠咬不到的飼育籠下方、牆上或飼育籠上方。

如果牠們的呼吸變得急促，疲憊無力地攤開四肢橫臥，可能已經中暑了，最好立即將飼育籠移至陰涼處，使其處於舒適狀態。

此外，天竺鼠的排泄量大，包含梅雨季在內的夏季期間，飼育籠內往往會變得不衛生。

牠們比其他動物更容易罹患皮膚疾病，這個時期特別容易引發皮癬菌病、因寄生蟲而造成掉毛、濕疹等。

更有甚者，地板上的尿液若放著不處理，就會產生氨氣，對氣管或支氣管黏膜造成損傷。

Topics

春天是繁殖或接回家飼養的最佳季節

春天是氣候溫和而天竺鼠的身體狀況也比較穩定的季節。如果要繁殖或接回家飼養，建議選在這個時期。然而，牠們是在懷孕約2個月後分娩，在春末懷孕的話，就會到夏季才分娩。如果要繁殖天竺鼠，最好提前規劃以便在春季生產。

為了預防這些狀況，最好格外留意飼育籠內的衛生。

禦寒對策

增加地板鋪材的牧草，放入寵物用加溫器，或用布覆蓋飼育籠，這些方法都可以作為天竺鼠的禦寒措施。除此之外，利用瓦楞紙箱或塑膠布來覆蓋飼育籠，或加厚覆蓋在籠子上的布，也是不錯的方法。

還要留意避免牠們啃咬瓦楞紙箱、塑膠布或布等。如果吞下肚，很有可能引發淤塞充血。擺放位置最好與飼育籠隔一段距離，或是選擇無法啃咬的厚塑膠布。

此外，飼育籠如果覆蓋得過於密實，籠內的空氣會不流通，很可能引發肺炎。使用塑膠布時尤其如此，請打洞作為氣孔，避免空氣滯留其中。

寵物專用的保溫用品也很方便，不過如果加熱過度，有時反而會變得太熱。為了避免整個飼育籠過熱，最好在飼育籠的內部打造溫暖之處以及沒那麼溫暖的角落，好讓天竺鼠在覺得熱的時候可以離開。

確保籠內不會太冷自不待言，避免發生急遽的溫度變化也至關重要。在房間裡，靠近地板這側的溫度會比靠近天花板那側更容易下降。若對地板的寒氣有所顧慮，不妨將飼育籠牢牢固定在穩定性佳的架子等稍高之處，而不是直接放在地板上。

建議也可以加高飼育籠的位置，先鋪塊地毯以阻絕地板冷空氣的傳導，在上方設置磚塊等，再放上飼育籠即可。

讓牠們在籠外玩耍

天竺鼠最喜歡又窄又昏暗的地方。
只要有縫隙就會鑽進去,有時還遲遲不肯出來。

打造能夠安心的空間

移除危險物品

即便把飼育籠的環境整頓得很安全,若放出籠外玩耍的房間內充滿危險物品,還是有可能發生意外。

最好試著以天竺鼠的視線高度重新審視房間,確認有無危險物品。

如果房間裡有很多物品,無法為了牠們而全部收起來,不妨就讓牠們待在圍欄裡面玩耍。

當然,至少圍欄內要先收拾乾淨。

堵住家具的縫隙

只要容得下頭部,天竺鼠任何地方都能鑽進去。

沙發下、架子與牆壁間的縫隙、洗衣機的背面或冰箱下方,牠們連這類乍看之下好像進不去的地方都會鑽進去,

偶爾還會勉強鑽入而出不來,甚至在看不到的地方啃咬電線或洋蔥碎屑等危險之物。

天竺鼠不會跳躍,所以無法入侵超過30cm高的地方。讓牠們在房間玩耍之前,最好重點式地巡視靠近地板的地方,如果有縫隙就先堵起來。

牠們有時也會採取出人意表的行動,讓牠們在籠外玩耍時,請盡可能不要移開視線。

☠ 危險! 不要讓天竺鼠靠近!

觀葉植物	香菸	芳香劑	可能吃下肚而中毒致死。
驅蟲劑	化妝品類	人類的食物	
電暖爐或水壺			可能觸摸而燙傷。
電線			可能啃咬而造成觸電。
塑膠袋			可能啃咬下肚而塞在腸道或喉嚨裡。
剪刀或刀類			可能在把玩時受傷。
貓、狗、雪貂等肉食性動物			可能被咬而受傷,甚至休克死亡。
似乎可以沿途攀爬的架子等			可能跌落而受傷。
珠子或小零件			可能誤吞。

在籠外玩耍

如何在房間裡放風？

即使讓天竺鼠在房間裡玩耍，牠們也不會像狗一樣去取回拋出去的東西，更不會和飼主玩你追我跑的遊戲。

不妨在一旁靜靜守護，讓牠們自由地四處走動，偶爾撫摸一下，餵食少許點心，一起悠哉地度過放風時光。

放風的時段

天竺鼠屬於夜行性動物，所以在傍晚至夜間放出籠外是最佳時段。如果晚上抽不出時間，改成早上也無妨。

在牠們適應籠外之前，每週2～3次、每次玩30分鐘左右，再逐漸增加次數與時間。一天玩1小時左右就足以避免運動不足。

喜歡的地方

天竺鼠喜歡可以藏身，且狹窄又昏暗的地方。飼育籠外不妨也放置小屋或洗澡椅等，為其打造藏身之處。

只要讓牠們天天玩耍，牠們就會經常在矮餐桌或椅子下等固定的地方放鬆休息，可以鋪上坐墊或桌布等，讓牠們喜歡的地方變得更加舒適。

此外，天竺鼠的爪子在木質地板上的抓地力不佳，所以會比較難行走。請先在牠們玩耍空間的地板鋪上布或地毯等。

大小便

放出籠外的玩耍期間，天竺鼠有可能會在房間四處大小便。

這是牠們的習性，所以不要試圖透過發怒或拍打來阻止，這樣只會讓牠們膽怯而造成反效果。

不希望被弄髒的地毯或榻榻米等就別讓牠們靠近，或是先用隔尿墊、如廁墊或被尿液濺到也無妨的布等一一蓋住。

據說要訓練天竺鼠如廁是件困難的事，儘管如此，只要還有尿液或糞便的氣味殘留，牠們在那些地方就會頻頻產生尿意或便意。

如果牠們在你不樂見的地方大小便，最好盡早擦拭乾淨，並噴灑消毒用酒精或醋水來消除髒汙與氣味。

 Topics

在外頭玩耍時須格外小心

讓天竺鼠在陽台或室外玩耍會有很多危險，所以不太建議這麼做。尤其是酷熱或酷寒的夏冬二季，不適合在室外玩耍。

在春、秋較涼爽的日子裡，在庭院或公園的草地上撐開圍欄，讓牠們在裡面玩耍片刻，這種程度的話倒是無妨，但別忘了事先確認該處是否有噴灑農藥，或有無吃了會有危險的植物。玩耍期間千萬別讓牠們離開自己的視線，以免逃跑或遭遇危險。

抱抱天竺鼠

關於抱抱

天竺鼠屬於被掠食動物，一旦陷入無法動彈的狀態，就會覺得置身於危險之中而感到害怕或厭惡，所以基本上牠們不喜歡被抱。

話雖如此，為了做全身健康檢查，還是希望牠們能夠習慣。展開同居生活後，如果覺得牠們好像漸漸適應了，不妨開始練習抱抱。

然而，如果牠們不願意，飼主卻一直糾纏不休，很可能會讓牠們覺得有壓力而開始躲避飼主，所以千萬不要做出強迫的舉動。

從放在膝上開始練習

如果突然要抱牠們，飼主與天竺鼠

抱 抱 的 方 式

1 在抱抱之前，
飼主先坐在地板上

天竺鼠經常發生從高處摔落的意外。牠們頭大而前足短，所以摔落時容易頭部先著地，很有可能摔斷牙齒或造成骨折，所以抱抱時最好先坐在地板上。

2 雙手手掌伸入側腹後，
往上抬起

天竺鼠討厭身體被抓住，所以最好溫柔地包覆其身體，輕輕地往上抬。

雙方應該都會很緊張。

　　請先從放在膝上開始。不妨先在大腿上鋪一條浴巾或毯子，再把天竺鼠放在上面。如此一來，牠們就算想咬人也咬不到，身體也較為穩定，會比較容易冷靜下來。

　　此外，在膝上餵食一些點心，但不要吃太多，或許會讓牠們對被人類觸摸產生好印象。

　　等天竺鼠可以在你的腿上安心地放鬆休息後，再試著挑戰抱抱吧！

仰躺抱抱僅限於短時間

　　天竺鼠的肺臟位於背側，所以當牠們仰躺時，心臟與肝臟的重量都壓在肺臟上。這個姿勢看起來很可愛，所以會想將牠們以仰躺之姿抱在懷裡或放在膝上，但若長時間維持這樣的姿勢，肺臟可能會因為受到壓迫而呼吸困難。不過如果牠們不討厭，讓牠們短時間仰躺也無妨。

---

④ 撐住臀部與背部

用單手掌心包覆天竺鼠的臀部來支撐背部。另一隻手則貼附在頭部附近，加以支撐或撫摸牠們的身體。

③ 讓天竺鼠的腹部貼著人的腹部

騰空抱起的狀態很不穩定，天竺鼠也會感到不安。彼此的腹部互貼會有一種穩定感，牠們也會感到安心。

⑤ 往上抬起時

為了檢查健康狀態而讓天竺鼠離開自己的身體並往上抱起時，仍要確實支撐著臀部，並用另一隻手支撐其身體。請千萬小心，別讓天竺鼠摔落了。

天竺鼠的按摩

讓你
摸一下。

按 摩 的 方 法

按摩前的
身體檢查

按摩之前要先確認身體狀況。輕撫天竺
鼠使其放鬆,同時用雙手包覆般溫柔地
觸摸全身,檢查身體上是否有傷口、疹
子或腫瘤等。

透過按摩增加親密接觸

　　天竺鼠的個性膽小,但親近之後,
被撫摸時會很開心。等到牠們不討厭被
抱且展現出放鬆的姿態後,不妨溫柔地
幫牠們按摩。

　　按摩也有助於檢查牠們身上的毛、
皮膚與身體狀態有無異常。請緩慢且輕
柔地撫摸,並確認全身的觸感。

　　不過如果同一個地方摸好幾次,或
是施力過度,可能會引發皮膚炎或對牠
們造成壓力。

　　按摩最主要的目的在於,為天竺鼠
帶來舒服的片刻時光,並與之交流溝
通,讓彼此感情更加融洽。

　　請多留意,如果牠們不喜歡,就停
下來,切忌糾纏不休。

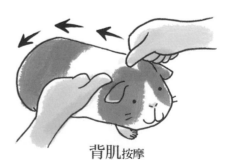

背肌按摩

將大拇指指腹放在脊椎骨
兩側輕輕按壓,
從頸部後面往臀部方向滑動。

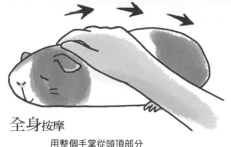

全身按摩

用整個手掌從頭頂部分
往臀部慢慢撫摸。

足部按摩

用指尖以搓揉的方式從踝關節處
輕柔地按摩至腳尖。

頸部周遭
的按摩

利用大拇指指腹，
從耳後往下顎慢慢向下撫摸。

腹部按摩

將手從兩側伸入腹部，食指、
中指與無名指併攏，
用指腹由下往上、
順時針畫圓般進行撫摸。

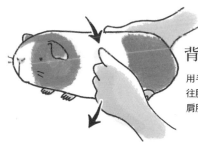

背部按摩

用手指指腹從脊椎骨那側
往腹側撫摸背部的
肩胛骨周圍。

將手伸入
頭部下方，
從頸部往下顎
慢慢撫摸。

從頸部到下顎的按摩

● Topics

透過腹部按摩促進腸道功能

　　腹部按摩有促進腸道功能的效果。天竺
鼠比較容易罹患鼓腸症或毛球症，最好每天
幫牠們按摩腹部。為了早期發現異常，請以
畫圓的方式按摩，確認其腹部是否有地方變
硬。然而，施力過度會對其腸道造成負擔而
產生反效果。

日常打理

透過刷毛來進行健康管理

刷毛不僅可以把打結的毛髮梳開，維持美麗的外觀，還有個優點是，可以及早發現蜱蟎或蝨子等寄生蟲、皮膚病或掉毛等，所以最好定期為天竺鼠做毛髮護理。

刷毛的頻率依品種而異。此外，天竺鼠無法把吞下去的毛吐出來，所以在換毛期間應增加刷毛次數來預防毛球症。

然而，在牠們適應刷毛作業之前，可能會因為不喜歡而發出叫聲或搖頭晃腦。一開始只需像在撫摸身體般輕輕地刷，如果牠們討厭、反抗，最好立即停止。關鍵在於不要強迫，而是一點一點讓牠們慢慢適應。

每個品種刷毛時的注意事項

如果是短毛或捲毛種

平常約1～2週幫天竺鼠刷一次毛。換毛期間則增加刷毛的頻率，改為2～3天一次。

此外，大自然中的天竺鼠通常是在春、秋兩季進行換毛，但是人類所飼養的天竺鼠，有些會每年換毛2次以上。

刷 毛 的 作 法

1 在膝上鋪一條毛巾，
將天竺鼠放在上面

這樣可以防止天竺鼠咬人或掉毛亂飛，
還能穩定其身體。

2 ※僅限長毛種
用手梳毛

長毛種的毛髮之間容易有灰塵附著，
所以用雙手手指將毛梳開，同時去除灰塵。
如果毛纏在一塊，不妨用梳子把結梳開來。

3 逆著毛流梳理全身

使用小動物專用的軟毛刷，逆著毛流來進行刷毛。
此時不妨確認一下皮膚是否發紅、
有無掉毛或蝨子等寄生蟲。

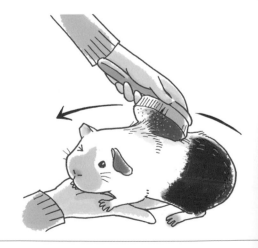

無論是什麼季節，只要掉毛變多，最好就增加刷毛的次數。

如果是長毛種

　　為了維持毛髮的美麗光澤與健康，每天的刷毛作業是不可或缺的。倘若置之不理，毛髮會沾染排泄物而變得不衛生，或是變得如毛氈般結成塊，最糟糕的情況是罹患毛球症或皮膚病而動彈不得。

　　臀部周遭的毛特別容易弄髒或糾纏在一塊，所以用剪刀修剪至不會接觸到地板的長度較為理想。不過剪刀不小心剪到皮膚的意外也屢見不鮮。最好多費些心思，盡量讓天竺鼠不要亂動，比如兩人合力來剪，或是在剪的時候餵牠們吃喜歡的蔬菜等。選在醫院的營業時間

內進行剪毛會比較安心，確保即使不慎剪到皮膚也能立即送至動物醫院。

如果是無毛天竺鼠

　　無毛天竺鼠身上幾乎沒有毛，所以不需要刷毛。

Topics

長毛種在梅雨至夏季之間如何護理？

　　梅雨至夏季之間的濕度與溫度都很高，比其他季節更難保持衛生，所以長毛種天竺鼠的刷毛作業要做得比平常還要確實。毛髮接觸到地板很容易因排泄物而弄髒，所以至少在夏天要進行修剪，或是利用捲髮器等略微固定其毛髮為佳。

④ 順著毛流梳理全身

順著毛流來刷毛，
去除在步驟3浮現的掉毛。

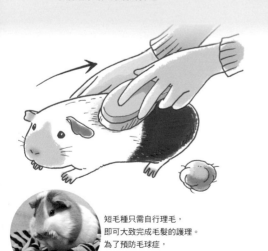

短毛種只需自行理毛，
即可大致完成毛髮的護理。
為了預防毛球症，
換毛期的刷毛作業要做確實。

⑤ ※僅限長毛種

護理臀部周圍的毛

長毛種臀部周圍的毛很容易沾附排泄物，
一下子就髒兮兮。
不妨連臀部四周已經打結的毛也加以修剪。
如果髒汙太嚴重，則用擰乾的濕布巾等來擦拭，
或是讓牠們洗澡（→關於洗澡，詳見107頁）。

剪趾甲

　　天竺鼠的原始物種棲息於大自然中的時期，會在地面或有岩石之處行走，或是挖掘洞穴來活動。因此，趾甲會自然地磨損而不會長得太長。另一方面，被飼養在家裡的天竺鼠都是走在牧草或地毯上，幾乎沒有機會削磨趾甲。

　　天竺鼠的趾甲是呈弧線生長，如果任其長長，會變得容易卡到地板而漸漸難以行走。若再進一步生長，趾甲尖端可能會刺入腳底，趾甲也會變成彎曲狀。最好每1～2個月為牠們修剪一次趾甲。

　　剪趾甲的頻率依個體而異。進行按摩或刷毛時，最好順便確認一下趾甲的狀態，覺得長長了便進行修剪。

無法順利剪趾甲時

　　為天竺鼠剪趾甲絕非易事。即便很喜歡飼主，有些個體還是不喜歡乖乖待在主人的膝上。想必也有一些天竺鼠會因為剪趾甲時的衝擊而受到驚嚇，從而大鬧一場。如果試圖強行壓制牠們來剪趾甲，不但會對天竺鼠造成壓力，還有可能導致足部或肋骨等處骨折。無法順利剪趾甲時，不妨帶到動物醫院或寵物商店請人幫忙修剪。

天竺鼠的趾甲
正常的趾甲（前足）。趾甲的根部處有血管通過，剪趾甲時，以修剪到血管前方1～2mm處為基準。

如果使用人類用的指甲剪，趾甲可能會斷裂，建議使用小動物專用的趾甲剪，比較好剪，也保護趾甲。
有剪刀型與斷頭台型兩大類，選用容易操作的類型即可。

一旦趾甲長到變成捲甲，就很難用剪刀型與斷頭台型的趾甲剪來修剪。不妨改用工具鉗，或帶到動物醫院請人修剪。

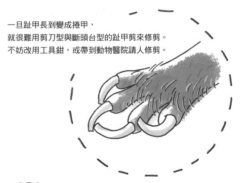

Topics

如果剪太深導致流血

　　事先備妥寵物用止血劑會比較放心，以防不小心剪太深，以粉末狀的止血劑較為常用。手邊沒有止血劑時，可用乾淨的紙巾等按著傷口不放，持續幾分鐘來進行壓迫止血。如果仍無法止血，很可能是傷口太深，最好去一趟動物醫院。

剪趾甲的方式

①　將天竺鼠放在膝上抱著

將天竺鼠放在大腿上，
單手從側邊伸入，
撐著腹部抱住。

②　修剪時要留意血管

使用小動物專用趾甲剪，
修剪到血管前方1～2mm的位置。

喀擦！

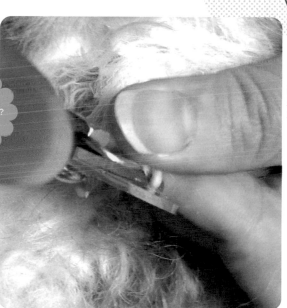

剪得還順利嗎？

最好邊修剪邊確認
趾甲的狀態，
以免剪太深。

③　如果是黑趾甲

如果是黑趾甲，
可以用檯燈或手電筒的
光線從趾甲背面照射，
邊修剪邊確認血管的位置，
千萬小心不要剪太深。
如果用燈光照射還是看不清楚，
最好帶到動物醫院等處請人修剪。

關於如廁訓練

如廁訓練的可能性

一般常說，天竺鼠和貓、狗、兔子不一樣，是學不會使用便盆的動物。然而，也有一些飼主透過巧妙的引導，讓牠們學會了如廁。

天竺鼠的排泄量大，如果能學會使用便盆，清掃起來會輕鬆許多，而且有些便盆的形狀可以讓臀部四周或腹部等處都不易弄髒。

遺憾的是，牠們有時還是會在便盆外排泄，或是要花很多時間才能學會如廁，有些還會隨著年紀增長而不再使用便盆。此外，是否能立即學會如廁，也有個體上的差異。讓我們參考已經成功完成如廁訓練的人們的經驗談，耐心地教牠們吧！

我教會3隻天竺鼠如何使用便盆

我跟第一隻天竺鼠「卡爾」開始一起生活時，完全找不到任何如廁訓練的資訊。不過我聽傳聞說「只要放入某牌的貓砂，天竺鼠就會開始使用便盆」，便姑且一試，沒想到牠居然用起了便盆！但是從2歲左右開始，牠又不再使用便盆了。

我帶回第二隻天竺鼠「茶茶」後，經過一番觀察發現，天竺鼠會在吃吃喝喝時，解決大部分的大小便。於是，我整頓了布局，讓牠必須坐上便盆才能夠吃到牧草、固體飼料並喝水。如此一來，邊吃邊排出的尿液或糞便就會自動掉入便盆中。至於睡覺時的尿床問題，我一發現就會立即更換寵物尿墊，避免留下臭味。

「大小便時必然待在便盆上」，打造出這樣的環境1～2個月後，我試著讓牧草盆與飼料盆遠離便盆。如果牠們照常到便盆處解決大小便，如廁訓練就算成功了。假如還是會在便盆外大小便，就讓牧草盆與飼料盆恢復原位，再觀察1個月左右。如此反覆下來，茶茶和第三隻天竺鼠「茶緒」都學會使用便盆了。✿モルパパ(@moru_papa)

當牠開始會把屁股挪到便盆外撒尿時，我便利用書架來縮小便盆的入口，成功讓牠無法站在便盆的邊緣處。

便盆的配置與氣味上的巧思

天竺鼠似乎無法像狗或貓一樣憋尿，所以我讓籠內的所有動向都能通往便盆。便盆就設置在睡鋪旁邊，有2個入口的巢箱則封住一邊而成為單一入口，如此一來，牠一走出巢箱即可立刻通往便盆。牠有時也會邊吃邊解決大小便，所以牧草也放在從便盆處吃得到的位置。

緊接著，我採集了牠的尿液並沾附在便盆上，使其散發氣味。牠在籠外玩耍時，我也會時不時帶牠去上廁所。

透過這些方法，我的天竺鼠花了1個月就學會了如廁。牠年輕時有8成左右的大小便都會在便盆處解決，清掃起來真的輕鬆很多。

自從罹患血尿後，成功率有稍微下降，但是當牠身體狀況穩定後，就又能如往常般使用便盆了。✿舜コ

連吃牧草時也待在便盆上，所以就算邊吃邊排泄，也都能由便盆接住。

以牠習慣小便的位置直接作為廁所

天竺鼠剛接回家不久的那段時期，我們是養在塑膠箱裡。不知何故，牠非得在走出巢箱的左側角落小便不可。

因此，把牠移進飼育籠時，我也一樣把便盆放在巢箱旁邊的角落。我沒買市售的便

連吃牧草時也待在便盆上，
所以就算邊吃邊排泄，
也都能由便盆接住。

盆，因為看起來好像會被板條式踏板夾到腳而受傷。我用廚房用的方形鐵盤來替代，倒入木屑後擺在該處，牠就這樣用了起來。

當牠有了把屁股挪到便盆外來撒尿的習慣後，我就把便盆挪到尿液落下的地方。隨著年紀增長，牠變得愈來愈馬虎，有時會在便盆外解決，所以似乎也要懂得放棄。

✿むらせゆかり

把牧草盆配置在便盆前面

我家並沒有特別做什麼如廁訓練，只是將牧草盆放在兔子專用三角形便盆的前面，讓天竺鼠可以坐在便盆上進食。如此一來，80～90%的大小便都會在便盆處解決。

✿大庭小枝子

天竺鼠的複數飼養

天竺鼠和樂融融的相處模樣具有絕佳的療癒效果。

關於複數飼養

當飼主對天竺鼠的魅力愈來愈著迷，就會想迎接新成員而不是只養一隻。

話雖如此，如果因為飼養數量增加導致照顧不周，牠們將會變得不幸。

在飼養多隻天竺鼠之前，不妨先深思熟慮複數飼養的優缺點。

複數飼養的優點

天竺鼠本來就是社會化的群居動物，所以有些人認為，複數飼養才是最符合牠們天性的飼育方式。

如果只養一隻，當飼主不在家或因忙碌而顧不上的時候，很可能會讓牠們感到寂寞。

在這方面，如果飼養不只一隻，就能讓牠們在生活中與同伴互相交流。

複數飼養的缺點

複數飼養的頭一個缺點，便是照顧所花費的心力與時間都會增加。

天竺鼠體型雖小，排泄量卻比其他小動物還要大，清掃起來相當費力。一旦飼養的數量增加，就要耗費更多精力去清掃。當然，刷毛與剪趾甲等方面也不能偷懶。

不僅如此，飼養數量一多，放進飼育籠中的地板鋪材與飼料等所支出的費用也會增加，還要拓寬放置飼育籠的空間，所以無論在金錢上還是生活上，負擔都會隨之增加。

或許有人會認為，只要養在同一個籠子裡，就能減輕清掃的負擔。然而，這也要視彼此的契合度來決定，尤其是突然把本來分開來生活的天竺鼠養在同一個飼育籠中，牠們很容易為了決定上下關係而發生衝突。

據說，其中又以雄鼠之間特別容易打架。甚至還有可能會發生過度理毛（Barbering →詳見130頁）而拔下別隻天竺鼠的毛或啃咬耳朵等狀況。

每隻天竺鼠的個性各異，有時連雌鼠之間也無法和睦共處。此外，如果讓雄鼠與雌鼠同居，很可能會生出小寶寶，導致數量愈來愈多。

更有甚者，飼主會漸漸無法掌握每一隻天竺鼠的食量、飲水量與排泄量等，一旦難以觀察入微，未留意到其身體變化的可能性就會提高。

如果天竺鼠彼此感情良好，不妨讓牠們一起出籠玩耍。

開始複數飼養時

如果有人能克服這些缺點而決定飼養多隻天竺鼠，好讓牠們能成群而居，最好留意增加數量的方式。切勿一下子就養好幾隻，建議先養一隻就好，習慣飼育作業後，再增加數量。

新的天竺鼠加入時，應先帶到動物醫院確認是否有蟲子或疾病，接著在並排的飼育籠中養2～3天，好讓牠們適應彼此的存在。假如沒有發生爭執，不妨試著讓牠們在籠外見面，一起放風。嘗試見幾次面後，仍舊沒有發生衝突，而且看起來相處得還不錯，便可移至同一個飼育籠中。

要飼養多隻天竺鼠，必須準備較大型的飼育籠。最好打造多個藏身處，確保萬一發生了衝突，也有地方可躲。仔細觀察天竺鼠的模樣，如果有一方欺負另一方，就該放棄讓牠們同居。另外，當牠們因為壓力而掉毛時，也請將飼育籠分隔開來。

認識天竺鼠的語言

一起來加深彼此的交流

豐富的情感表達能力是天竺鼠的魅力之一。

牠們原本就是成群生活的動物,所以社交性強,會透過各種叫聲或行為來表達想法並進行溝通。

這種豐富的表達能力會隨著感情升溫而變得明顯。唯有比較親近的飼主才知道其中的變化有多麼豐富,是一種特別的樂趣。

也有個體差異

即便同樣身為人類,有的人寡言而有的人健談,同理,每一隻天竺鼠的個

Kyui-kyui-!

這是在表達興奮或較強烈的情感。開心、感覺可以獲得美味食物、拚命撒嬌索要、害怕、遭受不喜之事等,各式各樣的心情都有可能。這是在強烈訴說著什麼事時所發出的聲音,所以不妨從天竺鼠的表情或處境來思考,判斷牠們試圖要傳達什麼樣的感受。

Kui!kui!

這是想博得關注時所發出的聲音。飼養多隻的情況下,牠們有時會邊靠近其他天竺鼠邊發出這種聲音。單獨飼養的天竺鼠如果發出這種聲音,表示牠覺得很寂寞。不妨撫摸牠的頭或身體,或是放出籠外玩耍。

Puipuipui

Honyohonyo

如果天竺鼠小聲發出嘟噥般的叫聲,表示當下心情十分愉悅。要人放牠出籠或要人陪玩的時候,也會大聲發出「Puipui!」的叫聲。如果聽到開關冰箱的聲音,或是有人在廚房裡的聲音,有時也會發出「Puipui!」聲來要求「給我食物!」。

性也各有不同。

　　如果是個性膽小而謹慎的天竺鼠，剛開始養的那陣子，在情感的表達上應該也會受到限制。這種時候更要從旁守護，不要讓牠們感到害怕，花點時間慢慢培養感情。當牠們開始卸下心防，應該就會展現出各種叫聲或肢體語言。

　　此外，天竺鼠的叫聲與行為有其特有的模式，但是在與飼主互動的過程中，有些不同於天性的表達方式會逐漸固定。

　　假如牠們透過叫聲或肢體語言來傳達某些事，請不要無視，試著交談或撫摸，偶爾訴諸行動來回應，便可漸漸看出其中的規則，得知牠們在什麼時候會發出這種聲音或做出這種舉動。

　　這麼一來天竺鼠也會明白，「只要發出這種聲音或做出這種肢體動作，就能獲得這樣的回應」，便會漸漸開始大量傳達其想法與心情。在這樣每天互動並深化溝通的過程中，想必能成為彼此無可取代的夥伴。

Rururururu〜

Ki-ki- !

dourururururu
……

這是雄鼠向雌鼠求愛時所發出的叫聲。舒服或愉快時也會發出這種聲音。如果在撫摸或吃東西時發出「Rurururu〜」聲，應該是在表達很舒服或好美味等開心的情緒。

這是害怕或憤怒時所發出的悲鳴聲。透過如警報器般的巨大聲音來表達強烈的不快或恐懼。如果置之不理，這樣的狀態可能會使其感受到強烈的壓力而引起恐慌，所以請移除令牠們感到害怕的東西，盡量減少牠們的憤怒行為。

天竺鼠在警戒時會震動喉嚨發出聲音。如果沒有什麼異常卻發出這樣的聲音，有可能是聽到人類耳朵聽不到的聲音而有所警戒。

常 見 的 肢 體 語 言

舐人的手

這是天竺鼠在放鬆時會展現出來的一種親密行為。大多出現在被撫摸而覺得舒服、開心，或是心情愉悅地撒嬌時。

依偎在人的腳或身體上

天竺鼠會緊貼著人，悠哉地放鬆休息。這便是感情變好的證據。不妨一起感受彼此的溫度，輕鬆地度過相處時光。如果輕撫牠們，可能會很開心。

被撫摸後，主動伸出頭來

此舉是在說「再多摸一下」、「摸這個地方」。如果牠們伸出頭往人的手邊湊過來，是特別希望人撫摸或撓一撓那個地方的意思。不妨悉心撫摸一番。

用頭推開人的手

此舉是在說「別來煩我！」。這是在心情惡劣或遭受不愉快待遇時所做出的舉動。如果繼續糾纏不休，會引起反感，所以當牠們做出這個動作時，最好盡量不要再去驚擾。

發出磨牙聲

表示正處於憤怒且煩躁的狀態。此舉不僅限於天竺鼠，所有齧齒目都會展現出這種肢體語言。天竺鼠十分溫和，很少咬人，但如果再進一步激怒牠們，就有可能會咬人。

小幅度跳躍

這是興奮時所做出的舉動。天竺鼠年幼時期有時會在開心喧鬧時做這樣的動作。長大後，有時也會透過蹦跳來表達憤怒或不滿的情緒。

其他行為的含意

出了籠子後便走到飼主身旁	最喜歡你了、一起玩吧、親暱
自己爬到飼主的膝上	最喜歡你了、希望被撫摸、撒嬌
慵懶地拉伸後腳，或坐或躺	打從心底感到放鬆
衝進籠中後，在角落蹦跳	受到驚嚇、恐慌
全身毛髮豎起	害怕、厭惡、驚恐
維持趴伏的狀態不動	驚恐

天竺鼠的沐浴

只在弄髒時才洗澡

天竺鼠本來就不是會洗澡的動物。只需每天更換地板鋪材並保持飼育環境的清潔，牠們會自行理毛，故可大致維持清潔。此外，刷毛也可以刷掉沾附在毛上的髒汙，所以應該沒必要定期洗澡。

然而，牠們的排泄量大，所以毛髮、屁股周圍或肚子等處有時會弄髒。再加上台灣的濕度高，是細菌容易滋生的氣候，一旦不衛生，就很有可能會罹患皮膚疾病或乳腺炎等。

沾附在毛上的髒汙如果無法去除，不妨讓牠們沐浴以維持健康。假如天竺鼠的外觀看起來很乾淨，卻散發出臭味，有可能是排泄物滲透了毛髮，一樣可以幫牠們洗個澡。

飼主最好遵守這兩項原則：沐浴並非日常例行事務，但是髒汙無法去除時就靠沐浴來清潔。

幫天竺鼠洗澡時

洗髮精的去脂力強，若用在天竺鼠身上，很可能因為去除過多油脂而導致肌膚粗糙、毛髮乾燥、皮膚因乾燥而發癢。幫天竺鼠洗澡時，最好避免使用洗髮精，即便是動物專用的也不例外。

此外，據說天竺鼠消耗太多體力會容易得肺炎。幫天竺鼠洗澡時，為了立即去除髒汙，應使用溫水並快速清洗。不弄濕耳朵也很重要，以免水跑進耳朵裡而引起發炎。

洗好後要立即用毛巾擦乾水氣，並用吹風機將身體徹底吹乾。使用吹風機時，務必用手貼附其身體，避免燒傷或中暑。不要讓天竺鼠一直接觸吹風機的熱風，最好邊吹邊休息，使用吹風機的過程中還要格外留意氣溫上的變化。

沐浴的準則

- ⭕ 唯有髒汙怎麼都去不掉時才幫天竺鼠洗澡
- ⭕ 沒必要先浸泡熱水
- ⭕ 用溫水清洗，不要使用洗髮精
- ⭕ 別讓耳朵進水
- ⭕ 快速清洗
- ⭕ 洗好後立即徹底弄乾全身

太強烈的淋浴會害天竺鼠受到驚嚇。
先在小型洗臉盆中裝滿溫水，再將牠們放進去，這樣比較不會引起反感。

沐浴後最好徹底擦乾毛髮。尤其是長毛種較難擦乾，請確認毛髮間是否還濕濕的。在天竺鼠適應吹風機之前，不要勉強吹遍全身，只要吹屁股就好。

為天竺鼠做好防災措施

為了守護天竺鼠免於災害

日本每年都會發生好幾種自然災害，比如颱風、龍捲風、大雪、暴雨、地震、火山爆發、海嘯等，而我們無法得知這些災害何時會降臨在自己或天竺鼠身上。在過去的災害中，有無數動物和飼主一同遭遇災難而不幸犧牲。為了守護天竺鼠的性命，最好預做準備以防萬一。

首要之務便是試著預測自己居住的土地上可能會發生什麼樣的災害，以及在遭逢災害時該如何安排天竺鼠比較好等等。

調查可能發生的災害

要具體思考災害相關事宜時，在日本會先查看國土交通省的「危險地圖入口網站」（http://disaportal.gsi.go.jp/）。這個網站中匯整了全日本的危險地圖，並標示出潛在災區、避難場所與避難路線等。

台灣的讀者們也請利用各種方式進行調查，先確認一下自己居住的土地上可能會發生哪種類型的災害吧！

認識寵物防災計畫並預做準備

建議還可以查詢國家或地方政府針對災害所提出的寵物防災計畫。

在日本，各個地方政府必須根據2013年環境省所發布的「災害中寵物救護措施指南」來擬定寵物的防災與救護計畫。遺憾的是，這份指南中所預想的寵物主要是貓與狗，不過最好還是先了解一些可以適用於天竺鼠的概念。

請先記住一點：飼主必須守護天竺鼠。災害發生時，飼主應先保住自己的性命，才能進而確保天竺鼠的安全。

最好重新審視天竺鼠與自己生活的住處、再次檢視防止家具或飼育籠傾倒的措施及擺放的地方，並且事先確認好避難場所與避難路線。

指南中也建議，飼主在避難時應該與寵物一起同行避難，而非拋下不管。為了在發生緊急狀況時能夠立即帶出門，最好事先準備好提箱或小型的飼育籠等。

此外，災害發生時，不會發配到適合天竺鼠的食物，也很難買得到。平常就多準備一些天竺鼠專用食品或牧草，至少多備1週的量會比較安心。

國家建議寵物同行避難，但是災害發生時，避難所可能無法收容天竺鼠。這種時候，把天竺鼠託付給寵物愛護團體或可靠的親戚朋友等，會比棄置在家中更為理想。

請先查好愛護團體的洽詢窗口，或是跟親戚朋友等先講好，以便在緊急時刻可以託其代為照顧。

務必事先準備好提箱或
小型飼育籠，
以便在必須緊急避難時
可以帶走天竺鼠。

在維持健康上費心思

維持天竺鼠的健康也與防災息息相關。避難場所將會有大批人群與動物聚集，一旦天竺鼠患病，搞不好會成為感染源，避難場所也有可能擔心感染而不願意收容。最好定期帶牠們到動物醫院接受健康檢查，並在每天一起玩時密切觀察、守護其狀態，以便及早發現身體的變化。

此外，假如天竺鼠已經患有疾病，能夠治癒的就要盡早治療。如果是無法治癒的疾病，請諮詢動物醫院的醫生，並盡量準備好藥品。

在避難場所將會面臨非比尋常的生活。天竺鼠會接觸到不習慣的環境與飼主異於往常的模樣，想必每天都會過得緊張兮兮。即便是平日裡都很健康的個體，在承受巨大壓力後，身體也很容易

出狀況。如果信賴的飼主能夠陪在身邊加以輕撫或交談，或許可以稍微緩解這種壓力。飼主最好每天和天竺鼠和睦共處並悉心照護，以便獲得其信賴。

Check Point!

為防災預先做好準備

- ☐ 查詢自己住處可能會發生的災害
- ☐ 查詢住家所在地的地方政府所推行的措施
- ☐ 再次檢視防止家具或飼育籠傾倒的措施與擺放的地方
- ☐ 事先確認好避難場所與避難路線
- ☐ 儲備牧草與固體飼料等
- ☐ 平日裡就做好健康管理，感染疾病要及早治療
- ☐ 若罹患了慢性病，應預備好藥品
- ☐ 事先整理好避難用品
- ☐ 查詢無論如何都無法同行避難時的託管之處或能提供協助的協會等

天竺鼠
寫真館

part 3

與飼主或同伴和樂融融的照片大集合！

摸一下這隻！
接下來換摸這隻！

「我們感情超好的呢～」
「連裝飾品都一樣呦～」

快、快點把我翻回去～

5隻一起拍張紀念照！

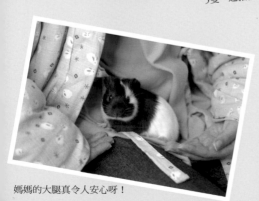

2隻和睦地大口吃著蘋果☆

媽媽的大腿真令人安心呀！

Chapter 6

天竺鼠的
繁 殖

繁殖之前

生養孩子
可不容易呢！

避免隨意繁殖

有些人和天竺鼠一起生活後，會想讓疼愛的天竺鼠留下後代，而開始考慮繁殖。

然而，繁殖會對雌鼠的身體造成很大的負擔，還必須考慮到懷孕、生產與育兒過程中的照顧工作，以及生下來的寶寶們的去處。

最好不要隨意繁殖，而是冷靜思考其可行性。

首胎應在出生後6個月內

雌鼠如果沒有在出生後6個月內生下首胎，難產的機率會變高。

這是因為，雌鼠如果不曾懷孕，恥骨會在出生5個月後開始黏合起來，到了出生10個月後，恥骨聯合便會完全融合。

若在恥骨聯合黏合，並融為一體後才懷孕，生產時就無法打開產道，使嬰兒遲遲無法通過，進而導致難產。最糟糕的情況下，母子都會雙雙殞命。

此外，天竺鼠是一種從3歲左右開始就出現老化跡象的動物，如果首胎又

是高齡懷孕、生產，那麼分娩的風險會更高。

當然，即便已有生產經驗，到了5歲之後還是很容易發生難產、流產或早產等問題，牠們上了年紀後就不該生頭一胎，甚至連繁殖本身都避免為宜。

如果在雌鼠年紀尚輕且身體還小時繁殖，也會伴隨著危險，最好等雌鼠的體重超過500g後再行繁殖，生產時期則應規劃在較容易養育的春季或秋季。

還要考量飼主的負擔

天竺鼠平均一次會產下2～4隻小寶寶。複數飼養一節（→詳見102頁）中也有提到，一旦飼養數量變多，金錢與時間上的負擔都會增加。

有些天竺鼠連親子之間都會為了爭地盤等因素而大打出手，如果必須分籠，就會占用更多空間。即便要讓人認養，應該也很難立即找到收容處。

另外，在雌鼠懷孕或哺乳期間，必須為其提供營養豐富的飲食，還得準備一個可以安穩生產的環境，從分娩之前就必須耗費比以前更多心力與費用。

遺傳性疾病

父母的一些疾病有時會遺傳給孩子，比如腳趾數量較多或眼睛疾病等。無關乎性別，作為父母的天竺鼠如果患有遺傳性疾病，最好不要讓牠們繁殖。

此外，雌鼠如果有慢性病，懷孕生子後可能會惡化，所以應該避免繁殖，詳細情況最好到動物醫院諮詢看看。

Check Point !

繁殖前的考慮事項

- □ 如果是首胎，雌鼠是否還未滿6個月大？
- □ 是否為高齡繁殖？
- □ 雌鼠的健康狀態是否良好？
- □ 雌鼠的身體是否已發育完全？
- □ 作為父母的天竺鼠是否有遺傳性疾病？
- □ 即便金錢與時間上的負擔增加也無妨嗎？
- □ 是否有人願意領養？
- □ 預產期是否落在春季或秋季？

對天竺鼠而言，懷孕、生產與育兒都是在搏命。如果想讓牠們繁殖，最好先仔細考量其年齡與身體狀態。

懷孕與生產的準備與程序

性成熟與發情期

雌鼠在出生後約4～6週達到性成熟，雄鼠則是在出生後5～10週左右。雌鼠的首胎最好安排在身體完全發育後至6個月大之間，避免近親交配，肥胖或產後不久的雌鼠也不宜繁殖。

即便將雄鼠與雌鼠放入同一個飼育籠中，牠們也不見得會立即交配，因為雌鼠在發情期以外的時期，就算被雄鼠強迫，也會不願意而拒絕交配。

雌鼠一整年皆有可能發情，平均週期為16天，其中，也有一些天竺鼠是2週～3週左右，可從其行動或生殖器的變化中看出是否已進入發情期。發情中的雌鼠會活躍地四處活動，並且發出

「purupuru」或「gurururu」等震動喉嚨般的聲音。雌鼠的陰部會鼓脹，當人把手放在其背上或是雄鼠騎在上面時，會彎起背部呈弓狀，此稱為「凹背姿反應（lordosis）」。

雌鼠的這種發情狀態會持續24～48小時，而這段發情期中只有6～11小時左右會接受交配。

等到發情期再說吧☆

從 交 配 到 生 產 的 程 序

1 讓牠們習慣彼此的存在

不要突然把雄鼠與雌鼠放入同一個籠子中，而是先讓牠們分別在並排的飼育籠中熟悉彼此的存在。

如果看起來可以和睦相處，便直接放入同一個飼育籠中，不過如果雄鼠在雌鼠進入發情期之前就試圖交配，可能會引起雌鼠的反感，這種時候最好等到雌鼠發情再來進行。

2 使其交配

一旦雌鼠開始發情，雄鼠就會騎在雌鼠的背上並射精。

雌鼠在這個時候，也會做出拱起背部的凹背姿反應。

結束交配後，雄鼠性器所釋出的分泌物會凝結成塊，塞住雌鼠的陰道，此稱為「膣栓」，幾個小時後就會從陰道脫落。

膣栓如同蠟一般，是白色的，比指尖還小。如

果在飼育籠中發現這種膣栓，便可知道雄鼠和雌鼠已經完成交配。

膣栓脫落後，雌鼠的陰道瓣膜會封閉，直到進入分娩期才會打開。

交配後，最好將雄鼠與雌鼠的飼育籠分開來，以免雄鼠一直追著雌鼠跑。

3 懷孕

懷孕期間為59～72天（平均68天）。如果胎兒數較少，懷孕期間會縮短。

雌鼠在懷孕期間會需要比平常更多的熱量與營養成分，以便養育腹中的小寶寶。不妨換成以紫花苜蓿為主成分的固體飼料，連牧草也要添加一些紫花苜蓿。為了能攝取豐富的鈣與維生素C，連蔬菜與補充食品也要提供得比懷孕前更多，尤其是維生素C，至少需要30mg。

為了讓雌鼠安穩度日，飼育籠最好擺放在安靜的地方，並且放入較大型的小屋，以便生產與育兒。

平均胎兒數為2～4隻，較理想的胎兒數則是3隻。如果數量太少，胎兒的身體會長得過大而容易導致難產；如果數量過多，則胎兒的身體會難以順利成長而延遲出生。

懷孕4～5週左右開始，觸摸其腹部便可感受到胎兒的存在。過度觸摸會對母體與胎兒造成負擔，所以最好避免長時間觸摸或用力握住。

懷孕3～4週左右開始，名為鬆弛素的荷爾蒙

分泌量增加，恥骨聯合便會開始逐漸打開。有份報告指出，平均來說，懷孕5週時恥骨聯合會打開約4mm、6週時為6mm、8週時則變成8mm，到了分娩前2天會擴大至17～23mm。

以紫花苜蓿為主成分的固體飼料
富含維生素C的蔬菜
紫花苜蓿（牧草）

我會吃很多喔♥

4 生產

一旦恥骨聯合打開至15～25mm，48小時內便會開始分娩。生產時，每幾分鐘會產下1隻。胎盤也會排出，天竺鼠媽媽有時會吃掉，如果殘留在飼育籠中則移除為宜。

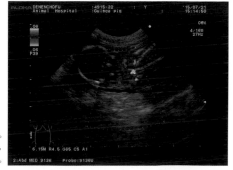

天竺鼠懷孕後，最好帶到動物醫院查看一下寶寶的成長過程。照片為腹中寶寶的超音波照片。左側為頭部，以顏色標記的那一帶則是心臟。

懷孕與生產時的問題

繁殖伴隨著流產、早產、妊娠中毒症與難產等風險，一起來了解每一種疾病吧！

懷孕中的問題——流產與早產

流產與早產是支氣管敗血性博德氏桿菌、肺炎鏈球菌或沙門氏菌等所引起的。也有一些是因為弓形蟲（貓特有的原蟲）寄生，導致陰道出血而流產。此外，若與其他懷孕或哺乳中的天竺鼠接觸，對天竺鼠寶寶產生關懷之情，也有可能導致子宮收縮而流產或早產。

流產或早產後，死胎若還殘留在子宮內，就必須餵食荷爾蒙劑來促使其分娩。

為了預防這種狀況，最好避免讓天竺鼠媽媽與懷孕或哺乳中的天竺鼠、天竺鼠寶寶，還有貓有所接觸。維持飼育環境的清潔也很重要。

懷孕後期至產後的問題——妊娠中毒症

這是生產2週前～產後1週之間較容易發生的疾病。太肥胖也容易發生妊娠中毒症。

天竺鼠媽媽在懷孕期間若食慾不佳而營養不足，會試圖從體脂肪產出能量，體內便會產生酮體。一旦體內積存大量酮體，就很容易引發妊娠中毒症。

妊娠中毒症發生後，天竺鼠媽媽會陷入食慾不振或抑鬱狀態，毛髮倒豎並蜷曲起背部，有時還會大量流口水。最糟糕的情況是引發痙攣，進而導致死亡。即便發生妊娠中毒症，只要在初期口服葡萄糖液或丙二醇就會有效果，但如果病情惡化，治療會變得困難重重，所以早期發現至關重要。

為了預防此症，最好避免讓肥胖的天竺鼠懷孕。此外，據說如果有噪音、飼育環境狹窄、與肉食性動物一起生活，或是氣溫過高等，這些狀況都很容易引發妊娠中毒症。整頓飼育環境，避免施加壓力也很關鍵。

生產時的問題——難產

當天竺鼠媽媽持續使勁20分鐘以上，或是反覆使勁多次且超過2小時卻還生不出小寶寶時，就會診斷為難產。胎兒長得過大、首胎在出生10個月之後、高齡生產，這些都很容易導致難產。

判斷是難產後，就會餵食荷爾蒙劑來催產。如果還是生不下來，就要進行剖腹。然而，如果天竺鼠媽媽身體虛弱，剖腹產後可能會無法恢復而喪命。

為了預防這樣的狀況，首胎最好在出生後6個月內完成，而高齡也不宜生產。

懷孕、生產與產後都會對雌鼠的身體造成很大的負擔。應避免不適當的懷孕，並且比以前更加留意其健康管理。

天竺鼠的育兒大小事

出生2週

出生第1天

左邊是出生2週，右邊兩隻則是出生第1天。
左邊那隻是4胞胎，生出來時體型較小，
而右邊2隻則是雙胞胎，出生時體型較大。
因此，3隻的體型才會差不多大。
話雖如此，出生第1天的小寶寶反應還很遲鈍
且眼神呆滯。

出生第1天

出生第1天的天竺鼠寶寶。
毛已長齊，眼睛也已經睜開。
是雙胞胎，所以體型稍大。

天竺鼠的小寶寶

天竺鼠寶寶在出生時便已睜開眼睛，毛與牙齒也都長齊了。剛出生時的體重約為45～115g，體重低於60g的新生兒恐怕難以存活。兄弟姊妹的數量愈多則體重愈輕，數量愈少則體重愈重。出生約1個小時後便會開始走路。

天竺鼠媽媽會在產後約48小時之內分泌可以將抗體傳給小寶寶的母乳（初乳）。為了牠們的健康著想，務必確保所有小寶寶都有喝到。產後48小時後，母乳中所含的培養免疫力成分會逐漸減少，但仍含有大量小寶寶所需的其他營養成分。

從出生後第2天起，用熱水將固體飼料泡軟來餵食，小寶寶就會開始進食。然而，即便已經可以食用固體飼料，也還不能讓牠們離乳。

即便是同一胎出生的兄弟姊妹，
毛色或毛質各異的情況也是很常見的。

天竺鼠的乳頭位於後腳根部附近的鼠蹊部。

雌鼠的乳頭在哺乳期間會變得飽滿膨脹。

母乳的營養成分

脂肪……4%
蛋白質……8%
乳糖……3%

母乳中含有重要的營養成分，
大大關係到孩子的成長。
當天竺鼠媽媽無法提供母乳時，
務必找隻代理母親來幫忙哺乳。

對天竺鼠媽媽的照顧

　　天竺鼠媽媽產後會需要比懷孕前更多的水分與營養成分，以便分泌出大量的母乳。最好為牠們備好大量且新鮮的水。食物則和懷孕期間一樣，餵食以紫花苜蓿為主成分的固體飼料、富含鈣成分與維生素C的蔬菜，以及紫花苜蓿牧草。

　　產後約2～15小時，天竺鼠媽媽的身體便會恢復至可以受孕的狀態。話雖如此，懷孕、生產與育兒是對身體造成莫大負擔的時期，且排卵數也會暫時增加，胎兒數很可能會變多。在寶寶離乳而天竺鼠媽媽恢復活力之前，最好與雄鼠隔離開來，以免懷孕。

天竺鼠媽媽無法哺乳的時候

　　有時天竺鼠媽媽會分泌不出母乳而無法哺乳。此外，也有可能因為同一胎的兄弟姊妹數量太多而母乳無法分配給每隻寶寶。

　　有一種方法是，讓產後不久的另一隻天竺鼠作為代理母親來哺乳，但是該天竺鼠是否願意接納天竺鼠寶寶則未可知。如果不能仰賴天竺鼠，就必須改以人工哺乳。

　　以人工哺乳時，應以滴管或小型注射器緩緩地餵食小動物專用奶粉或山羊奶。小動物專用奶粉應選擇成分接近母乳的產品較為理想。如果買不到，不妨諮詢動物醫院。

離乳之前的育兒作業

　　天竺鼠寶寶的哺乳期約為3～4週。為了牠們的健康著想，應確實哺乳，不要提早離乳。

　　體重會以每天3.5～7g的速度漸增。最好每隔幾天就秤一次體重，確認哺乳是否充足。

　　日益成長後，不光是泡軟的固體飼料，牠們還會開始吃切成小塊的蔬菜。吃太多有可能會吃壞肚子，所以最好不要突然餵食大量蔬菜，而是觀察小寶寶的狀態，一點一滴增加分量。蔬菜的種類也要一點一點慢慢增加。

　　天竺鼠寶寶會漸漸可以吃和天竺鼠媽媽一樣的食物，開始離乳而降低母乳的飲用量。如果要離乳，出生後約3週左右且體重超過180g之後會比較理想。

　　出生2個月後，即便還只是幼鼠，建議讓雄鼠與雌鼠分籠。如果維持原狀，雌鼠很可能會懷孕。無法分辨性別的情況下，不妨一隻隻隔離開來（→關於雄鼠與雌鼠的性器差異，詳見19頁）。

　　為確保健康的懷孕與生產，最好避免近親交配。如果在身體尚未發育成熟前就懷孕，會對身體造成極大損害，胎兒也有可能養不大。

出生第20天

出生第20天的天竺鼠寶寶與天竺鼠媽媽。差不多到了離乳的時期。

出生20天左右起，
天竺鼠寶寶便會開始吃和父母一樣的食物。

離乳的基準為出生後約3週
且體重超過180g。

在家出生的天竺鼠寶寶與天竺鼠媽媽大集合！

和媽媽一起待在籠內一角悠哉度日♡

喝ㄋㄟㄋㄟ，真美味♪

溫柔的叔叔是我們的代理爸爸！

和奶奶待在一起！

生出5胞胎！媽媽真是辛苦了！

我們是兄弟！

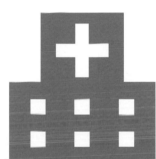

Chapter 7

天竺鼠的
健 康

每天的健康管理

為了預防並早期發現疾病，最好每個季節都帶天竺鼠去動物醫院接受健檢。

早期發現疾病至關重要

　　天竺鼠即便身體狀況不佳也不太會出現症狀。當牠們疲憊無力到可明顯看出是生病時，病情通常已經相當嚴重了，這樣的情況並不罕見。

　　此外，讓醫生檢查或持續跑醫院本身有可能形成一種壓力，導致健康狀態進一步惡化。

　　為了早期發現疾病，並且多少減輕治療的負擔，最好為牠們做好每天的健康管理。

為了健康著想，平常就要做好管理

　　清掃飼育籠時，應檢查糞便與尿液的狀態，以及吃剩的量是否與平時無異。

　　此外，天竺鼠在籠外玩耍時，也要

不動聲色地守護牠們，觀察其行動與平常有無不同、移動時的身體動作有無不對勁之處等。

　　撫摸牠們的身體時，請確認觸感有

確認每天的健康狀況

☐ 糞便的形狀、分量、狀態與氣味是否與平常一樣？

☐ 小便的量是否與平常無異？

☐ 毛的質地與色澤是否良好？

☐ 是否有結毛球？

☐ 有沒有地方掉毛或皮膚變紅？

☐ 有無傷口或受傷？

☐ 身上是否有蝨子或蜱蟎？

☐ 眼睛是否炯炯有神？

☐ 牙齒是否過度生長、斷裂或變色？

☐ 呼吸是否變得急促？

☐ 走路方式是否與平常無異？

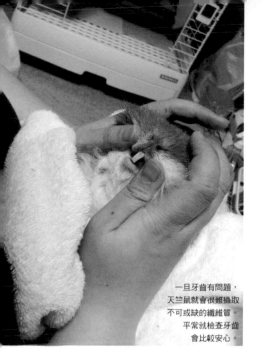

一旦牙齒有問題，
天竺鼠就會很難攝取
不可或缺的纖維質。
平常就檢查牙齒
會比較安心。

無異狀，並檢視其毛髮與身體的狀態。

如果牙齒有咬合不正，或是曾經有過咬合不正但現在已經治好了，最好以1～2週一次的頻率來檢查牙齒的狀態會比較安心（→其他內容詳見38～39頁）。

透過飼育記錄來管理健康

為了天竺鼠的健康管理，每天務必做好飼育記錄。

帶牠們到動物醫院看診時，如果有每日飼育記錄，便可確認過去的症狀與飼養過程等，相當方便。

記錄內容含括當天的飲食內容、飲水量、做了哪些照護作業、體重、天竺鼠的模樣等。要是有令人在意的症狀，最好也一一寫下。

每天盡可能在同一時間做記錄，即

可完成一份更可靠的記錄。

如果覺得寫在筆記本很麻煩，也可以運用部落格等工具。此外，不擅長寫文章的話，只需條列要點即可。每天持續記錄至關重要，所以最好找到適合自己的作法。

事先準備以備不時之需

大部分的天竺鼠一生中總是會碰到生病的時候，但是對牠們的疾病瞭如指掌的動物醫院卻是有限的，等生病後才要找值得信賴的醫院更是難上加難，而且牠們應該也會因為被帶到完全陌生的地方而感到痛苦。

最好在健康的時候就先找到了解天竺鼠的動物醫院，並且每個季節都做健康檢查。

此外，天竺鼠一旦生病，就得支出高額的費用，一種疾病的治療動輒必須花上數萬至數十萬日圓。為了以防萬一，先投保寵物險會比較安心。

然而，天竺鼠可以投保的寵物險有限，連投保年齡也有其限制。另外一種方法是，不繳保險費，而是每個月定額儲蓄，以備生病時所用。

天竺鼠的疾病
索引

特別好發於天竺鼠的疾病與症狀

皮膚疾病	呼吸急促	結膜炎
蝨子、蜱蟎	支氣管炎、肺炎	關節炎
足底皮膚炎	轉移性鈣化	神經性休克
咬合不正	膀胱炎、尿道炎	維生素C缺乏症
腹瀉、軟便	腎衰竭	
腸胃遲滯、鼓腸症	卵巢囊腫	

皮膚疾病

何謂皮膚疾病？

天竺鼠會因為各種原因而罹患伴隨著掉毛或發癢的皮膚疾病，日本的氣候較為高溫多溼應該也有所影響。

牠們的排泄量大，環境容易變得不衛生，又因四肢短小而腹部較大，走路時會觸碰到地面，下腹部較容易弄髒，這也是其中一個原因。

因為皮膚疾病而到動物醫院就診前，如果有時間，不妨先幫天竺鼠把身體擦乾淨或洗澡，不過如果嚴重發紅則可能伴隨著疼痛，假使牠們不願意就不要勉強。

鳥蝨症

◯ 這是什麼樣的問題？

因為「鼠咬蚤」（鳥蝨的一種）寄生所引起的疾病。鼠咬蚤的成蟲體長約為1.2～1.5mm，肉眼看起來是白色的。

這種生物會寄生在天竺鼠的毛髮裡，吃皮屑等維生。天竺鼠之間若有直

有大量鳥蝨寄生於天竺鼠的毛髮間。

接的接觸就會感染，基本上不會傳染給天竺鼠以外的生物。

大部分出現在毛髮根部，看起來像白色塵埃。有掉毛、結痂、毛變得硬而粗糙等症狀，不太會發癢，但是如果嚴重惡化就會奇癢無比。

◯ 治療法

在背部那側的皮膚上使用驅蟲劑，或是透過注射或服藥加以驅除。

◯ 預防法

有鳥蝨寄生的天竺鼠，或是不確定是否有鳥蝨寄生的天竺鼠，最好都避免接觸。

疥癬症

◯ 這是什麼樣的問題？

因為某種「疥蟲」在皮膚上挖洞並寄生於角質層所引起的疾病，是天竺鼠的皮膚疾病中最癢的一種，一旦嚴重惡化，會因為太癢而引發神經症狀，產生如痙攣般的抽搐。有時會形成帶點黃色的痂。

疥蟲主要是寄生在背部與大腿部位，並擴及肩部與頸部。劇烈發癢常會害天竺鼠因搔癢而抓傷身體，傷口也常常被細菌二度感染。

一旦慢性化，皮膚會變厚而引起「苔癬化」，連原本不黑的皮膚都會變黑，造成色素沉澱、結痂、毛屑、掉毛等問題。

確認是否有上述的皮膚症狀或疥蟲即可判定。然而，疥蟲藏身於皮膚內，

即便用透明膠帶等來採集皮屑並利用顯微鏡來觀察也無法發現，因此必須稍微刮擦皮膚才能檢查出蟲體。

●治療法

在背部那側的皮膚上使用驅蟲劑，或是透過注射或服藥加以驅除。

這種寄生蟲也有可能寄生在人類身上，但只是暫時的，不會長久。

●預防法

不要接觸罹患疥癬症的天竺鼠，並且遠離其用過的屋子與用品。

皮毛蟎症

●這是什麼樣的問題？

因為「天竺鼠皮毛蟎」寄生所引起的疾病。

皮毛蟎是寄生在毛髮上，所以發現時是緊抓著毛髮而非皮膚。一旦免疫力下降或全身健康狀態惡化，這種蟎蟲就會增加，所以如果天竺鼠並未接觸到外來的天竺鼠，這種蟎蟲卻增加了，也有可能是因為其他疾病導致身體不適。

此外，這種疾病幾乎不會出現皮膚症狀，而且刷毛也無法消滅蟎蟲。有時會因過度刷毛傷到皮膚而造成反效果，所以要格外留意。

●治療法

在背部那側的皮膚上使用驅蟲劑，或是透過注射或服藥加以驅除。

●預防法

平常就要護理毛髮，並飼養在衛生的環境中。

皮癬菌病

●這是什麼樣的問題？

因為感染到「皮癬菌」（一種會感染皮膚的黴菌）所引起的。

皮脂中的脂肪酸較少而對真菌抵抗力較弱的年幼天竺鼠，或是罹患其他疾病而免疫力下降的天竺鼠，較常感染這種疾病。據說泰迪或緞毛的泰迪也比較容易感染。

主要是臉部、足部與背部會有化為粉狀的皮膚碎屑附著，而且處處引發皮膚炎。

繼續惡化下去，炎症也會更嚴重，皮膚炎的邊緣部位可能會變硬而發癢。

●治療法

使用口服藥、洗髮精、軟膏等抗真菌藥物。

口服藥對全身都有效，所以還未出現症狀的地方應該也會有效果。然而，如果服用後糞便變稀，則建議停止用藥。

使用洗髮精時，有可能因為沒沖乾淨而造成皮膚炎，或是因為清洗的壓力造成食慾不振，故而必須觀察天竺鼠的狀況，謹慎地進行。

罹患皮癬菌病的足部。皮膚變紅且不斷剝落。

軟膏如果被天竺鼠舔掉，效果會大打折扣，所以塗抹後最好經常做確認。即使天竺鼠舔了軟膏，也只是微量，幾乎不會對身體造成危害。

人類也會感染此菌，所以在接觸或照顧患有皮癬菌病的天竺鼠後，務必清洗手與身體。

◯預防法

最好飼養在衛生的環境中。有時會在身體不適時發病，所以平常的健康管理也很重要。

細菌性膿皮症

◯這是什麼樣的問題？

主要是因為「金黃色葡萄球菌」與「表皮葡萄球菌」造成細菌性皮膚炎所引發的疾病。其他像「密螺旋體屬」、「鏈球菌屬」、「梭桿菌屬」、「棒狀菌屬」等，也會引發這種疾病。因為咬傷、受傷、自傷、過度打理而引起二度感染，或是因咬合不正而唾液過多等，也會引發這種疾病。會有掉毛、發癢、潰瘍等症狀。最糟糕的情況下，還可能造成膿瘍。

診斷上，可以從皮膚炎的特徵來加

前腳接近肩膀處發生了細菌性皮膚炎，呈圓形掉毛。

以辨識，採集皮膚發炎的部分來進行細菌培養，即可確診。

◯治療法

基本上，要透過口服藥投以抗生素。至於該使用哪一種抗生素，則要先進行藥物敏感試驗後再決定。

天竺鼠可以使用的抗生素比其他動物還要少（關於腸毒血症，詳見136頁），所以有時不會檢查就直接使用像新型喹諾酮類這類可用於各種細菌的抗生素。

也可以塗抹軟膏，但是天竺鼠會舔掉，而且很難塗抹在長毛的皮膚上，只有眼睛看得到的地方才可能有效，所以通常是透過口服藥來針對全身用藥。

感染拖得愈久，連免疫系統都會受到刺激，有時會引發類澱粉沉積症或器官衰竭，最好盡早開始治療。

◯預防法

最好飼養在衛生的環境中，還要留意不要過度刷毛。

角質增多

◯這是什麼樣的問題？

據說體重較重的天竺鼠若生活在金屬網上，就很容易發生這種問題。基本上是無害的，但是角質變得過厚就會卡到地板鋪材等，有可能會出血。

此外，前腳也常常長出如膿腫般的硬物，只是角質過多，不構成問題。

◯治療法

如果角質變得過厚，可以用剪刀等加以切除，使之變小。

◯預防法

留意別讓天竺鼠變得肥胖，並整頓

出一個不會對其腳底造成負擔的環境。

角質增多引發了角化症，腳皮部分變硬且變厚。

足底皮膚炎

◉這是什麼樣的問題？

這是最普遍的天竺鼠疾病之一，常見於飼養在金屬網地板或網目較粗的地板的肥胖天竺鼠。

一開始會造成褥瘡而使皮膚變紅，之後形成所謂的「繭」，皮膚變得又硬又厚。

如果此時出現潰瘍，就會有細菌二度入侵該處。若不加以處理，感染會擴及深處，侵蝕肌腱與骨骼，還有可能引發骨髓炎。

感染後，每當體重施加在患部上就會發疼，導致天竺鼠不願意走路。有時還會因為劇痛而食慾低落。

◉治療法

大多會在治療過程中使用止痛藥。骨髓炎一旦惡化，也有可能導致骨折，如有必要，不妨讓天竺鼠服用抗生素來抑制感染。

如果造成潰瘍後，又化為膿瘍，則須進行消毒並清理乾淨。用繃帶等加以包紮來保護患部，既有緩衝效果還能抑制感染。

繃帶很容易弄髒，最好定期更換。此外，請多留意天竺鼠是否很在意繃帶而一直啃咬，雖然吞下些許繃帶不太會塞在體內，還是建議讓牠們把注意力轉移到其他事物上，就不會太在意繃帶的存在。

當天竺鼠不想走路，大小便後也會不太願意移動，有可能使情況更加惡化，最好頻繁地清掃地板以保持清潔。

◉預防法

重新檢視地板鋪材至關重要，必須減少足部的摩擦，避免天竺鼠把身體重心放在腳的某個部位。

可以使用毛氈、割絨毛巾等柔軟且緩衝性佳的束西來作為地板鋪材。鋪了大量柔軟牧草的地板也可以減緩足部的負擔。

罹患足底皮膚炎的腳。因為疼痛而拖著腳步走路。

口唇炎

◉這是什麼樣的問題？

會引起皮膚炎，從嘴角開始結痂。症狀一旦惡化，會擴及整個嘴唇，傷害到口腔黏膜，造成食慾低落。

原因不明。有可能是受到物理上的

刺激而發病，比如被牧草或固體飼料尖尖的地方刺到。也有可能是維生素A B C E、脂肪酸、錳、鋅、鎂等營養素不足所引起的。

皮膚炎的患部有時還會感染到「葡萄球菌」或「念珠菌」而進一步惡化。

◎治療法

如果不會疼痛，有時就不會治療。即便一度改善了，大多還是會再次復發。

會痛的話，便使用止痛藥。若引發感染，則塗抹含有抗菌劑與抗真菌劑的軟膏。

過度理毛

◎這是什麼樣的問題？

天竺鼠會因為壓力等因素而啃咬或拔掉自己的毛。

◎治療法

有可能是因為環境壓力或煩悶無聊而做出這樣的舉動，有時只要改變環境就會有所改善。提供優質的牧草可能也會不藥而癒。

還有一個可能性是，同居中的天竺鼠有拔毛的行為。同居的情況下，不妨試著讓牠們暫時分居，如果毛因而長出來了，那麼研判很有可能是因為同居的天竺鼠拔毛所致。

◎預防法

最好為天竺鼠打造一個不太會感到有壓力的飼育環境。個性不合的天竺鼠要分籠飼養。

皮膚淋巴瘤

◎這是什麼樣的問題？

雖然極其罕見，但天竺鼠可能會罹患皮膚淋巴瘤。

根據病歷報告顯示，症狀類似伴隨著發癢的過敏性皮膚炎，經檢查皮膚後才判定是皮膚淋巴瘤。

◎治療法

一般來說，皮膚淋巴瘤的治療效果不佳，預後也不樂觀。

頸部淋巴結炎

◎這是什麼樣的問題？

細菌從口腔中的傷口入侵，在頸部的淋巴結造成膿瘍。

又分為「局部型」與「急性全身型」兩大類，前者是頸部單側或兩側的頸部淋巴結腫大，後者則是全身都會出現症狀。

主要是「溶血性鏈球菌」等細菌所引起。*S. zooepidemicus*是一種也會出現在正常天竺鼠的結膜或鼻腔內的細菌。如果有大量細菌從因咬合不正或牧草太硬而在口中造成擦傷之處入侵，頸部淋巴結無法全面阻擋並加以消滅，便會造成膿瘍。

假如觀察到斜頸症、眼球震顫且頸部淋巴結發炎，很有可能已經引發中耳炎。

據說頸部淋巴結炎容易因為壓力而發病。大多為局部型，但年幼的天竺鼠有可能因為細菌擴及全身而引發敗血症、壞死性支氣管肺炎或心膜炎，惡化成急性全身型。

一旦演變成急性全身型，有時會引發呼吸困難或發紺（皮膚或黏膜發紫），因為敗血症休克而虛弱，脈搏也會變弱。

頸部腫脹的現象亦可見於毛髮上皮瘤、淋巴瘤、甲狀腺腫瘤等，所以必須確認腫脹部位的內部。如果內部有膿，即為頸部淋巴結炎。

●治療法

治療局部型較有效的方式是透過外科手術切除膿瘍。即便不能動手術，也可以切開腫脹處，去除膿液並清理乾淨。餵食抗生素也很重要，以便藥效發揮至全身。

急性全身型的治療十分困難，也不太見效。會導致呼吸困難，有些情況下送進氧氣室裡可以獲得緩解。

此外，天竺鼠這種時候很難用嘴巴喝水，所以務必施打點滴並服用抗生素，針對全身做治療。

其他皮膚疾病

維生素C缺乏症（→詳見156頁）
膿瘍（→詳見160頁）

問 不 出 口 的
Q&A ①

Q 我擔心帶天竺鼠去動物醫院會造成壓力。

我只要想到把天竺鼠帶去動物醫院本身可能會造成壓力，就遲遲無法帶牠前往。牠們應該什麼時候去動物醫院呢？

A 請在去醫院的方式與醫院的選擇上下工夫。

如果因為不想對天竺鼠造成壓力，就一直拖延不帶去動物醫院，病情可能會惡化。情況允許的話，最好是一察覺其模樣有反常態時，或是要進行季節性健康檢查時，就帶去動物醫院。只要多去幾次，多少有助於牠們適應動物醫院，而且事先找好固定就診的醫院，在生病時便可根據牠們的體質進行檢查。

為了多少減輕其壓力，最好與貓、狗等肉食性動物的診察時間錯開來，或是帶去主要為小動物或特殊動物看病的動物醫院。此外，建議也試著在這些方面下工夫：盡量縮短跑醫院的時間、平常就讓天竺鼠習慣提箱、在移動途中盡量不要搖晃等。平常就和天竺鼠和睦相處以建立信賴關係，那麼飼主的存在可能有助於緩解其不安。每次去醫院回來就身體不適的天竺鼠並不罕見，而固定去的醫院通常已經具體掌握了天竺鼠的狀況，不妨試著諮詢就診的頻率或非診不可的判斷基準。

口腔疾病

咬合不正

　　這是天竺鼠最常見的疾病之一。又分為兩類，即門牙（前牙）咬合不佳的「門牙咬合不正」，以及臼齒（後牙）咬合不佳的「臼齒咬合不正」。兩者皆因牙齒咬合不佳以至於無法進食。

　　天竺鼠常常門牙與臼齒同時發生咬合不正的狀況。尤其臼齒咬合不正很容易連帶引發門牙咬合不正。

　　然而，在家裡剪牙很可能會讓天竺鼠感到恐懼或受傷，所以務必帶到動物醫院進行咬合不正的治療。

〈門牙咬合不正〉

●這是什麼樣的問題？

　　啃咬飼育籠等硬物會導致門牙咬合不佳而引發這樣的問題。若因維生素C缺乏症（→詳見156頁）而無法製造膠原蛋白，有時也會導致牙根不穩而造成咬合不正。此外，有時臼齒咬合不正也會連帶讓門牙也咬合不正。

●治療法

　　利用醫療用牙科器材將牙齒過長的

門牙咬合不正。上門牙呈圓弧狀生長而無法咬合。

部分剪掉。牙根搖晃幅度愈大，天竺鼠會愈反感，有時還會在治療過程中發出叫聲。

　　一旦發生咬合不正，就不可能恢復正常，所以門牙必須定期剪牙。如果為了下次能隔一段時日再就診而把門牙剪得比較短，可能會害天竺鼠無法叼起食物。剪牙後，最好仔細觀察牠們的模樣，確認是否如往常般進食。假如無法叼起食物而掉下來，請幫牠們把食物送到嘴邊。

　　此外，固體飼料泡軟後再將末端搓尖，會比較好入口，也可以把切成細末的蔬菜堆成小山。然而，蔬菜一旦泡軟或切成細末就很容易腐壞，炎熱時期最好勤加更換新鮮的蔬菜。

●預防法

　　如果天竺鼠一直想啃咬飼育籠，可以利用木製柵欄等來避免牠們啃咬金屬部分。

〈臼齒咬合不正〉

●這是什麼樣的問題？

　　因為臼齒未能充分磨耗所引起。此外，若天竺鼠因為門牙咬合不正而陷入食慾不振，有時也會連帶讓臼齒都長得過長。缺乏維生素C或硒過量這類營養上的問題，或是遺傳等，也都是主要的原因。

　　初期會因為難以咬合而想吃蔬菜等較軟的食物，或是開始對牧草等必須用到臼齒的食物敬而遠之。

　　有些情況下，過長的牙齒可能傷及

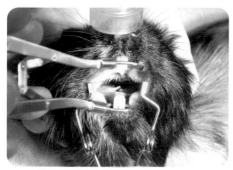

臼齒咬合不正。臼齒過長導致舌頭受到框限，以至於無法進食。

臉頰，嘴巴周圍也會因為唾液而溼答答的。一旦臼齒過長，嘴巴就會無法完全閉合，以至於唾液量增加而下顎往前突出。如此一來，連門牙的咬合不正都會惡化，導致門牙過長。尤其是下顎最前面的臼齒如果往內側生長，舌頭會受到框限，便無法將食物送至後面。

雖然比較罕見，但有時也會引發牙根膿瘍而使牙根部位腫大，導致下顎腫脹、眼睛被由內往外擠壓而突出來。

○治療法

將過長的臼齒剪短，使其接近原本的齒列。又分為兩種情況，一種是全身麻醉來進行剪牙，另一種則是不全身麻醉來進行。

如果不全身麻醉，則利用鉗子般的醫療用牙科器材，將臼齒過長的部分大力一折加以切斷。唯有輕度的案例，也就是過長的臼齒又細又尖的情況下，才適用這種治療方式。

此外，天竺鼠有時候會在治療的過程中，因為排斥而暴走。假如發生這樣的情形，很可能會傷及口腔內部或造成顎骨斷裂。因此，當牠們極度反感的時候，就應該進行全身麻醉，以維護治療

時的安全。

採取全身麻醉時，會使用醫療用牙科器材。天竺鼠的口腔會因為麻醉而放鬆，故可詳細檢視牙齒的狀態。然而，要是牠們患有腎臟病或心臟病等疾病，全身麻醉的風險會比較高。

治療牙齒後，即便唾液止住了，很多天竺鼠還是無法自己進食，這種時候請將流質食物送到牠們的嘴邊。一開始要壓住牠們，把注射器插入口中強制餵食，等到牠們適應後，有時會自己叼著注射器進食。最好耐心地餵食，以免天竺鼠的體重下降。

○預防法

天竺鼠原本棲息於高原，一直以來都是吃含大量矽等營養素、較硬且纖維質高的食物。為了預防咬合不正，必須讓牠們食用同樣富含纖維質且較硬的牧草。還要供應充分的維生素C，因為缺乏維生素C會導致牙根變得不穩定。

天竺鼠經常啃咬飼育籠來要求餵食。還有一個方法是利用板子等來遮擋，讓牠們咬不到。

因為臼齒咬合不正而於下顎處形成膿瘍。

消化器官疾病

所有腹瀉、軟便與便祕

腹瀉或軟便是由各種原因所引起，也有可能是重大疾病的一種警訊，所以天竺鼠腹瀉時，務必帶其糞便到動物醫院就診。

嚴格來說，軟便是含水量多但勉強保有糞便的形狀，而腹瀉則是指未保有糞便外形的情況。

糞便乾掉後就無法檢測出寄生蟲，這類情況會導致醫生在診斷時失去判斷的依據，所以最好用塑膠袋等包好再帶去動物醫院，以免糞便乾掉。

檢查糞便時需要盡量新鮮一點的糞便，所以天竺鼠在就醫途中排出的糞便也不要丟掉，一起帶去檢查。

急性腹瀉往往會讓天竺鼠失去活力且體溫下降。觸摸牠們時，如果發現牠們身體發寒，最好立刻採取保溫措施，比如用布包裹等，就診過程中也要不時

正常的糞便。形狀統一且平均，乾燥程度適中。

軟便。末端大多會變細，有腹瀉之虞。

確認其體溫。

假如天竺鼠吃了大量米、麥、麵包等屬於碳水化合物的醣類，或是蔬菜等含水量多的食物，導致纖維質不足，就會造成軟便或腹瀉。吃了多少量會導致軟便，會依個體而異。

當天竺鼠排出軟便時，請回想在這之前餵食的食物。如果不提供蔬菜或點心後，糞便就立即恢復正常，研判原因就是出在食物上。

此外，壓力導致軟便也是常有的事，最好檢視周遭環境是否發生變化，或是飼育環境是否衛生等。

以環境變化來說，有些是自然現象，比如氣溫或濕度發生急遽變化；有些則是生活環境上的變化，比如接回新的天竺鼠時，或是搬家、附近有工程、新年假期等，人的出入很頻繁時。

除了以下所列的傳染性腹瀉外，維生素C缺乏症（→詳見156頁）或腫瘤性疾病（→詳見157頁）等也有可能引發腹瀉或軟便。

雖然機率不像腹瀉或軟便這麼高，但有時也會造成便祕。如果半天都沒看到糞便，最好帶到動物醫院就診。不過也可能天竺鼠都有排便，只是因為食糞而未能看到糞便。

另外，當牠們食慾全失時要格外注意。要判斷天竺鼠是否有食慾，不妨試著餵食牠們喜歡的食物。

假如牠們對固體飼料不屑一顧，但是仍會吃蔬菜等，通常情況就不是

太緊急。

不過即使牠們很愛，最好還是避免餵食米、麥等穀物或麵包等碳水化合物。

細菌性腹瀉

●這是什麼樣的問題？

因為細菌所引起的腹瀉。

是其中一種「沙門氏桿菌」感染了腸道，導致體重下降、衰弱與腹瀉。不過有時並未腹瀉，病情就直接惡化了。

舉例來說，幼齡的天竺鼠有時會感染一種沙門氏桿菌而引發敗血症，在無症狀的情況下休克死亡。若是懷孕中的天竺鼠，也有可能造成流產。

吃了被細菌汙染的牧草、蔬菜等食物，或是喝了被糞便汙染的水，就會遭到感染。

此外，據說「假性結核耶氏菌」會對腸道與附屬淋巴結造成膿瘍，進而導致腹瀉。

目前已知，泰澤氏病也會引起腹瀉，還會造成食慾不振、嗜睡、肝臟壞死、猝死，偶爾會引起皮下浮腫，是一種治療往往沒太大效果的疾病。

其他像是「大腸桿菌」、「綠膿桿菌」、「李斯特菌」等也會引起腹瀉。

●治療法

要判定是哪一種細菌引起腹瀉，是極其困難的。因此，在進行治療之前，必須先確認是否為寄生蟲疾病或腫瘤性疾病等其他疾病所引起的。

治療中會使用新型喹諾酮類、磺胺類等抗生素，目的在於抑制這些細菌，避免影響到腸道中的正常細菌。同時還會一併服用乳酸菌製劑或促進消化道蠕動的藥物等。

腹瀉會造成體內水分流失，所以有時必須根據情況施打點滴。食慾不振與營養不足狀態持續的話，很容易引發脂肪肝，故而須強制餵食。

●預防法

最好餵食脂質與澱粉含量較低而纖維質含量較高的食物。此外，攝取過多的水分容易造成軟便，所以要觀察糞便來加以控制。

請每天確認排泄物。天竺鼠的排泄量大，所以尿液與糞便很容易混在一起。

檢視糞便是否維持正常的形狀、在其他地方排出的糞便是否含有過多水分、糞便是否有變形，藉此來分辨濕便與軟便。

如果糞便的一部分變細或長度較短，就有可能是腹瀉或軟便等問題的一種警訊。

寄生蟲性腹瀉

●這是什麼樣的問題？

雖然統稱為寄生蟲，類型卻十分多樣。肉眼可見的寄生蟲極其稀少，都是透過顯微鏡觀察後做出診斷。

剛離乳的天竺鼠有時會因為「球蟲病」而引發腹瀉。球蟲病也可見於其他動物，但是天竺鼠的球蟲病基本上是不會傳染給其他動物的。

如果是成鼠，有時感染了也沒有症狀，但是如果免疫力下降或飼育環境不

衛生，就會出現病症。會腹瀉且為水便，造成脫水或體重下降而死亡。

「隱孢子蟲症」的特徵在於會引發小腸性的腹瀉，是吃到糞裡的蟲而感染。如果是已經免疫的天竺鼠，大約4週左右就會復原。

「天竺鼠的蟯蟲」主要是寄生在盲腸裡。通常沒有症狀，但在免疫力下降等時候，會引起發育不良、腹瀉或體重下降等症狀。

此外，還有大腸纖毛蟲、變形蟲、陰道毛滴蟲與梨形鞭毛蟲等原蟲寄居於糞便中，正常的糞便中也含有這類原蟲，據說不具致病性。但是腹瀉的糞便中如果有過多這類原蟲，則必須接受治療。

○治療法

和細菌性腹瀉一樣，如果需要補充水分則施打點滴，若是長時間未進食，則須強制餵食。

另外，還會使用驅蟲藥來對付每一種寄生蟲。

○預防法

和細菌性腹瀉一樣。

腸毒血症

○這是什麼樣的問題？

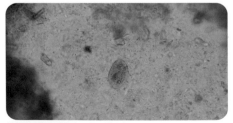

從軟便中檢查到原蟲：大腸纖毛蟲。

生物的消化道內住著好菌與壞菌，各式各樣的細菌維持著生理運作的平衡。天竺鼠的消化道內也住著以革蘭氏陽性菌為主的多種細菌。

然而，一旦使用不適當的抗生素，就會導致革蘭氏陽性菌死絕，而使梭菌屬增生。這種梭菌屬會產生毒素，而該毒素會作用於神經細胞，引起腹瀉或出血性盲腸炎。

容易引起這種症狀的抗生素主要有青黴素類、頭孢菌素類、巨環內酯類、四環素類、林可黴素類、鏈黴素等。

可以安全使用的抗生素則有新型喹諾酮類、磺胺類與氯黴素。

去氧羥四環素雖為四環素類的一種，卻是比較常用的。

○治療法

腹瀉常伴隨著脫水症狀，因此必須打點滴，並且餵食促進消化道蠕動的藥物，以使消化道的運作恢復正常。

為了恢復其腸內細菌，趨近原本的腸內生態，有時也會讓生病的天竺鼠食用健康天竺鼠的糞便、人類食用的活菌優格、乳酸菌製劑等。

○預防法

最重要的是，不要讓天竺鼠服用具有危險性的抗生素。飼主依自己的判斷餵食抗生素是非常危險的，抗生素最好還是依循獸醫的處方來使用。

此外，還有一種情況也很常見，即天竺鼠在服用一般認為不會有問題的抗生素後，卻引發了軟便或食慾不振。在牠們服用抗生素後，最好仔細觀察其排泄物與食慾狀況。

直腸型便祕

◎這是什麼樣的問題？

直腸到肛門之間，肛門括約肌鬆弛而呈袋狀，糞便積聚於其中所造成的疾病。

常見於高齡的雄鼠，故有一說認為與精巢有關，但詳情尚未釐清。

該囊袋會隨著時間的推移而變大，積聚的糞便量也會逐漸增加。

不太可能發生完全無法排便的情況，但是如果鬆弛的部分變得過大，而把包皮的出口包捲起來，就會難以順暢地排尿。

若演變至此，包皮內可能會變得不衛生而引發膀胱炎，因此應定期擠出堆積的糞便才是。

◎治療法

沒有徹底根治的治療方式，必須定期將囊袋中的糞便擠出來。

直腸中的糞便大部分都能清出來，但常常還是會有一些糞便殘留，擠不出來的部分就利用棉花棒等小心取出，避免傷及直腸。

◎預防法

有一種說法認為，這種疾病與精巢有所關聯，精巢摘除手術可能有助於預防，但是目前還沒有根據，還是盡早留意到這些症狀方為上策。

脂肪肝

◎這是什麼樣的問題？

肥胖的天竺鼠一旦陷入長期食慾不振或絕食狀態，就會出現這樣的病症。

當動物無法從腸道吸收營養時，便會利用積存於肝臟的肝醣，往全身輸送葡萄糖。這些肝醣用盡後，就會利用全身的脂肪，在肝臟轉化為能量。

若絕食狀態持續，處理脂肪會難上加難而直接積存在肝臟裡，即稱為「脂肪肝」，會引發肝臟無法發揮原本的功能等問題。

一旦發生脂肪肝，即便解決了咬合不正這類導致食慾不振的原因，食慾也不會恢復。

必須格外留意肥胖問題，肥胖的天竺鼠如果長期陷入食慾不振的狀態，就該進行血液檢查，如果肝酵素上升或是中性脂肪增加，便會被診斷是罹患這種疾病。

◎治療法

大部分的情況下，會先治療引發食慾不振的疾病。之後則是讓天竺鼠服用養肝劑，同時透過強制餵食等，積極使其進食。待其可自行吃下所需的量時，即治療成功。

◎預防法

透過平日的健康管理來預防肥胖。

已發生直腸型便祕的肛門。因為便祕而導致無法排便。

腸胃遲滯

●這是什麼樣的問題？

因為各種原因導致腸胃蠕動減弱的狀態，可以觀察到食慾不振、糞便變形或變小等症狀。

假如餵食澱粉質高而纖維質低的食物，就很容易引發這種狀況。吞下毛球或布等異物，也有可能卡在腸道中而造成腸胃遲滯。

此外，腸胃裡積聚大量氣體的狀態則稱為「鼓腸症」。罹患鼓腸症後，可觀察到疼痛或腹脹等症狀。

●治療法

天竺鼠罹患鼓腸症後，如果會磨牙或流口水，很有可能是疼痛難耐，所以應使用止痛藥。

如果毛球或布等異物卡在腸道中，必須透過手術來去除異物。然而，天竺鼠在動完消化道手術後死亡的案例不在少數，故而須先餵食止痛藥並打點滴。

可以排便的話，則利用促進消化道蠕動的藥物來改善腸胃運動。此外，透過強制餵食讓食物進入腸胃，也可以讓腸胃受到刺激而開始活動。

不過如果天竺鼠不太能自行進食，

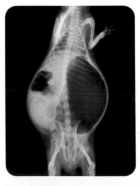

消化道裡積聚大量氣體的狀態。最好在病情惡化到這個程度前就帶去醫院。

通常也沒喝什麼水，所以必須進行皮下注射。

●預防法

避免餵食澱粉質高而纖維質低的食物。另外，最好重新檢視天竺鼠的生活環境，避免其吞下異物。

問 不 出 口 的

Q&A ②

Q 我想知道如何分辨是否為肥胖症。

來我家玩的朋友在看到天竺鼠時，說了一句：「好胖喔！」聽他這麼一說，我才發現天竺鼠的肚子圓滾滾的。牠的體重大約800g，是4歲的雌鼠。我應該讓牠瘦身嗎？

A 請帶到動物醫院做肥胖鑑定。

如果雌鼠的體重超過900g、雄鼠超過1200g，應懷疑是肥胖症。雌鼠體重約800g的話，肥胖的可能性不高。但如果是天生體型較小的雌鼠，這個體重或許就算是肥胖了。

單看數字很難判斷是否為肥胖症。如果你為此而憂心，不妨帶到對天竺鼠瞭如指掌的醫院，連同骨骼等一併做檢查。

不過天竺鼠是草食性動物，腸道長且發達，所以即便是健康的個體，肚子也會帶點圓弧度。牠們一天內大部分時間都是在進食中度過，這是一種自然行為。最好避免餵食過多高熱量的紫花苜蓿等，但是在還未確定是否為肥胖症時，先不要減少牠的食物量。

此外，懷孕期間或腹中長了腫瘤等情況下，可能也會顯胖。假如覺得最近突然變胖了，應盡早到動物醫院就診為宜。

呼吸器官疾病

呼吸急促時

呼吸狀態的評估極其困難,有時連獸醫也會不知該如何判斷。

平常最好仔細觀察天竺鼠健康時的呼吸方式,比如平時是如何呼吸、睡覺時大多會朝向哪個方向等。如果不知道「一般的狀態」,即使出現異常狀況也會很難察覺。

假如天竺鼠的腹部會隨著呼吸大幅起伏,甚至搖頭晃腦,或許就是呼吸困難。要是平常都是側躺著睡覺,突然改為趴伏且仰著頭,這時就要格外留意。明明吃著最喜歡的食物,速度卻比平常慢得多,也有可能是因為呼吸困難。若腳底顏色呈暗紫色,則為發紺。

當你覺得天竺鼠的呼吸變得急促而飼育環境不衛生時,最好將牠們移至乾淨的地方。

引發呼吸急促的原因有很多。除了鼻子、氣管與肺部等呼吸器官疾病外,也有些案例是因為循環器官疾病造成心臟狀況不佳而血液循環不良,以至於無法正常交換氧氣。

除此之外,疼痛或腎衰竭等內臟器官疾病也會導致呼吸急促。

細菌性疾病

●這是什麼樣的問題?

可觀察到食慾不振、流淚、流鼻水、呼吸聲異常、嗜睡、呼吸困難等症狀。若病情惡化,呼吸會變得急促、劇烈,最終演變成呼吸困難。

引起肺炎的主要細菌為「支氣管敗血性博德氏桿菌」與「肺炎鏈球菌」。天竺鼠如果在飼育環境中承受壓力,就有可能激發支氣管敗血性博德氏桿菌而發病。肺炎鏈球菌則會引發關節炎、胸膜炎、胸腔積水或肺膿瘍等病態。兩者皆會傳染給人類。

「假性結核耶氏菌」可能會引發敗血性肺炎而造成猝死。

「檸檬酸桿菌屬」則可能引發機會性感染,造成纖維蛋白性胸膜炎,或在肺臟、肝臟、脾臟引起敗血性血栓,最終導致死亡。

「披衣菌」會引發結膜炎或鼻炎,最終演變為支氣管炎或肺炎。透過一般的細菌培養檢查無法檢測出披衣菌,所以會比其他細菌還要難以診斷。

除此之外,致病的細菌還有「黃色葡萄球菌」、「化膿性鏈球菌」、「嗜血桿菌屬」或「鼠咬熱螺旋菌」等。

●治療法

以餵食抗生素為主。若因壓力或身

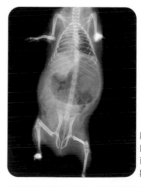

肺炎的X光片。
因為罹患肺炎,
面向照片的左側肺臟
顯得比右側來得白。

體狀況不佳而免疫力下降，會更難以恢復，所以還會施打點滴、餵食維生素C或進行氧氣治療等。

抗生素通常是口服餵藥，但在鼻炎的情況下，有時會從鼻孔滴入加了抗生素的點鼻劑，或是讓天竺鼠吸入含藥物成分的噴霧（噴霧治療器）。

這兩種情況都是使用非口服型的藥劑，應該可以對口服藥物不起作用之處發揮效果，所以必須與口服藥物一起使用。

如果天竺鼠的呼吸狀態惡劣到必須張大嘴巴來呼吸的話，在這時餵藥也有可能使呼吸更為惡化。用藥時應慎重為宜。

○預防法

壓力或飼育環境不衛生等，都與感染息息相關。最好勤加清掃飼育籠，維持良好的生活環境。季節交替之際較容易身體不適，所以要透過空調來防止急遽的溫度變化。

此外，如果飼養了多隻天竺鼠，最好盡可能將可能罹患呼吸器官傳染病的天竺鼠隔離開來。即便痊癒了，有時體內仍帶有細菌，所以恢復活力後仍要持續留意。

腺病毒感染

○這是什麼樣的問題？

因為「腺病毒」所引發的支氣管肺炎。

天竺鼠即便感染了腺病毒也很少會發病，所以可能不知不覺中體內已帶有病毒。一旦發病，就會出現呼吸困難、呼吸急促、流鼻水、睡眠增加、痛苦地彎起背等症狀。

有時也會無症狀，但無論是否有症狀，猝死的可能性都很高。

腺病毒幾乎不會在健康的成鼠身上發病。據說在免疫力較弱的幼齡時期、高齡時期、生病、飼育環境惡劣、營養狀態不佳等時候比較容易發病。

○治療法

有別於細菌感染，病毒感染的診斷較為困難。

並無具體的治療法，可能會進行氧氣治療，讓天竺鼠吸入比平常更多的氧氣，或是針對二度引起的細菌感染進行治療等。

肺腫瘤

○這是什麼樣的問題？

據說天竺鼠很容易罹患肺腫瘤，尤其是在支氣管上長出乳頭狀腺腫的案例多不勝數。

3歲起，便很容易罹患肺腫瘤，且很難與肺炎區分。

肺腫瘤不會轉移，但是會緩慢變大，導致肺活量逐漸下降而呼吸困難。

有類似症狀的疾病還有長在支氣管或肺泡上的「肺腺癌」，或是「乳腺癌」的轉移（關於乳腺腫瘤，詳見148頁）等。

○治療法

無有效的治療法。肺活量會隨著腫瘤變大而逐漸下降，所以呼吸變急促時要進行氧氣治療。

循環器官疾病

天竺鼠的心臟疾病

天竺鼠心臟疾病的相關資訊不多，大家對其常見的心臟疾病及治療方式等都知之甚少。

到目前為止，已提出的病例有擴張性心肌病、心包膜腔積液、心臟橫紋肌瘤、中毒、轉移性鈣化、心肌炎等。

初期會變得無精打采或體重下降，但是並不會出現明顯的症狀。

隨著病情惡化，會發生使用平常不用的肌肉來呼吸、咳嗽、喘鳴、呼吸加劇、脈搏加快、黏膜變白、不再活躍、食慾不振、體重下降、血液循環不良導致耳垂周圍壞死等症狀。

如果沒有食慾，咀嚼的次數也會減少，就有可能造成咬合不正。

診察過程中，醫生會聽取心臟是否有雜音，並進行X光檢查、超音波檢查、心電圖檢查等，但仍舊難以做出明確的診斷。如果呼吸等症狀過於嚴重，會連檢查都窒礙難行。

此外，天竺鼠如果吃了夾竹桃，有可能因為中毒而引發心律不整。若發生全身性的細菌傳染病，甚至會引起心肌炎。

擴張性心肌病

○這是什麼樣的問題？

左心的內腔擴大，導致心肌收縮功能下降，便會引發鬱血性心衰竭。目前尚未釐清天竺鼠罹患這種疾病的原因。

○治療法

使用能支援心臟收縮功能的藥物、能擴張血管以減輕心臟負擔的藥物，以及利尿劑等。

轉移性鈣化

○這是什麼樣的問題？

因為鈣質在體內異常沉積所引發的疾病。

心肌纖維鈣化會發生在1歲之後，一般認為是攝取過多鈣或磷、缺乏鎂所引起的。

據說若持續以兔子專用固體飼料取代天竺鼠專用固體飼料來餵食，天竺鼠較容易罹患這種疾病。

其他部位也會發生鈣化，所以各個部位會出現發育不良、肌肉僵硬、骨頭

眼睛變白且朦朧，研判是異位性鈣化所引起的。

變形、腎衰竭等症狀。最糟糕的情況下，也有可能導致死亡。

○治療法

重新檢視食物並加以改善。除此之外，還要配合症狀來進行治療。

○預防法

餵食天竺鼠專用的固體飼料，用心維持均衡飲食。

心包膜腔積液

○這是什麼樣的問題？

因為心包膜腔內蓄積過多體液而導致心臟功能下降的疾病。

心臟被一層心包膜所覆蓋，目的在於防止心臟急遽膨脹，並且避免肺臟等周邊臟器的感染影響到心臟。

心包膜腔為心包膜的一種，裡面盛裝著名為「心包液」的體液。心包液過多的狀態即稱為「心包膜腔積液」。

目前尚未釐清天竺鼠患病的原因。有報告指出，對抗生素產生抗藥性的葡萄球菌有時也會引發心包膜腔積液。

一旦心包液積蓄，心臟內就無法儲存本來該有的血液量，故而造成靜脈壓升高、心臟送出的血液量減少，以及低血壓等情形。這些症狀又被稱為「心包填塞（Cardiac tamponade）」，若不加以治療，可能會導致死亡。

當天竺鼠的眼睛周圍或嘴角等處的黏膜變白，且用全身大幅度呼吸時，就有可能是罹患這種疾病。

診斷時，若在X光檢查中發現心臟看起來很大，就會進行超音波檢查，確認是否有心包液積聚。

○治療法

利用針從體外抽出積蓄的體液（心包膜腔穿刺）。

然而，天竺鼠的心臟極小，治療難度高，因而喪命的案例不在少數。

Topics

轉移性鈣化是可怕的疾病？

轉移性鈣化也會發生在心臟，所以正如循環器官疾病一章中所說明的，腎臟、骨骼肌肉、血管、胃、關節囊、脊椎與氣管等處，也會發生鈣化而變硬。如果鈣化的地方不會影響到內臟或肌肉等的作用，倒是無妨，但如果是心臟等循環器官鈣化，就很有可能危及性命。

關於天竺鼠的心臟疾病仍有許多不了解之處，也沒有預防的方法。如果在平常的互動中感覺到異狀，最好盡早帶去醫院就診。

泌尿器官疾病

尿路結石

○這是什麼樣的問題？

尿道（腎臟、輸尿管、膀胱、尿道與副性腺）上有結石。

結石的主要成分幾乎都是鈣，比如碳酸鈣、磷酸鈣、草酸鈣等。偶爾也會出現磷酸鎂銨所形成的結石。

產生結石的可能原因有遺傳、代謝異常、飲食內容的問題、飲水量不足、膀胱炎等。

年幼天竺鼠專用、以紫花苜蓿為主成分的天竺鼠食品中鈣含量高，如果長大後還繼續吃，罹患尿路結石的風險會提高。牧草也最好提供鈣含量少的提摩西牧草等禾本科牧草。

此外，維生素D過量時，會促進腸道對鈣質的吸收，導致血液中的鈣濃度提高。兔子食品的維生素D含量通常都比天竺鼠食品還要高，所以最好不要拿來餵食天竺鼠。

患病的天竺鼠會出現排尿困難（在排尿時發出「Kyu-kyu-」的叫聲等）或是血尿等症狀。

即便尿液變白且混濁，也不見得已經形成結石，但最好還是密切觀察。至於是否有結石，則須透過X光檢查或超音波檢查來確認。

○治療法

一般來說，天竺鼠體內的結石很難靠藥物等加以縮小。因此，如果結石已經大到無法經由尿道排出，就必須透過外科手術取出結石。

不過要是結石還小，有時會自然而然地排出。尿量愈多則愈容易排出，所以讓天竺鼠攝取大量水分至關重要。

然而，有些天竺鼠的體質是吃太多蔬菜就會軟便，這對牠們會造成反效果，建議餵食之前先仔細檢視糞便的狀態。

還有一個方法是到醫院打點滴來補充水分，當牠們不喝水時，建議飼主與動物醫院的醫生好好討論一下。

假如沒看到天竺鼠排尿，有時是因為結石堵住了尿道。若因尿路結石而引發膀胱炎，牠們可能會因為疼痛等而食慾不振，或是因為血尿而引發重度貧

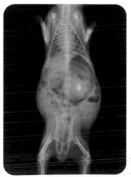

長在左腎（面向照片的右側）上的結石拍起來呈白色。

天竺鼠尿道裡的結石，每次小便時都會因為疼痛而哀號。

血，相當危險，最好立即帶到動物醫院就診。

○預防法

最好餵食鈣含量低的食物，並提供充分的水。如果覺得尿液顏色較深，請餵食多一點蔬菜。天竺鼠有時會不願意喝放太久的水，若是使用飲水器，每次清掃時都要徹底清洗並頻繁地換水。

膀胱炎、尿道炎

○這是什麼樣的問題？

常見於中年以後的雌鼠。這是因為雌鼠的尿道出口離肛門很近，容易被糞便汙染。此外，由腸內細菌所引起的細菌性膀胱炎也很常見。

膀胱炎與尿道炎是由「大腸桿菌」等所引起。雄鼠有時也會因為名為精囊腺的副性腺（輔助前列腺等生殖功能的器官）所釋出的分泌物而造成尿道堵塞，進而引發膀胱炎或尿道炎。

一旦罹患膀胱炎或尿道炎，天竺鼠就會因為疼痛而在排尿時哀號，或是分好幾次少量地小便。排出血尿、無精打采、食慾不振等症狀也很常見。

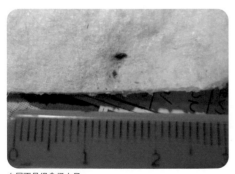

血尿不見得會很大量。
有時只有幾公釐的紅色血絲即可判定為血尿。

○治療法

會同時使用抗生素與止痛劑來治療。如果食慾盡失，則強制餵食或施打點滴，以免引發脫水症狀。

假如血尿變嚴重，還有可能造成貧血，這種情況下必須同時使用止血劑來進行治療。

膀胱炎是一種經常復發的疾病，尤其是在中途停止治療時，會特別容易復發。

相較於其他動物，天竺鼠可選的抗生素極其有限。一旦形成抗藥性菌種，就很難再改用其他藥物，所以最好遵循獸醫的指示，確實完成整個療程。

要是膀胱炎反覆發作，有時是罹患了糖尿病。在擦拭天竺鼠的尿液時，不妨確認一下是否有些黏稠（→關於糖尿病，詳見150頁）。

○預防法

最好勤加打掃，飼養在衛生的環境之中。如果是雄鼠，看到精囊腺分泌物附著在陰莖上時，請用手取下。

腎衰竭

○這是什麼樣的問題？

一旦罹患腎衰竭，天竺鼠會大量飲水並排出大量尿液。這並不是因為水喝多了而尿量增加，而是因為大量排尿而引起脫水症狀，才會大量飲水。

除此之外，還可觀察到食慾不振、體重減輕、毛髮又硬又粗糙、不吵不鬧等與其他疾病共通的症狀。

腎衰竭常見於高齡的天竺鼠。天竺鼠過了1歲之後，腎臟會開始逐漸纖維

化，這樣的變化會導致腎臟組織日益劣化，有時會因此罹患慢性腎衰竭。據說慢性間質性腎炎一般好發於3歲以上的天竺鼠。

罹患足底皮膚炎（→詳情請見129頁）時，「葡萄球菌」也會引發慢性澱粉樣腎病或腎炎。也有可能因為糖尿病或妊娠中毒而二度造成腎衰竭。另外，天竺鼠吃了百合葉也有可能引發腎衰竭。

主要是透過血液檢查來做出診斷。當血中的尿素氮、肌酸酐或磷等腎功能指數上升，即可確診。

◯治療法

利用點滴來稀釋毒素。一般要定期到醫院進行皮下補液。透過點滴來確保血液循環量，即可稍微減緩腎衰竭的惡化。

讓天竺鼠服用口服吸附劑（即所謂的活性碳）或許多少也有效果，可以防止身體吸收消化道內的毒素。

然而，這些治療都無法治癒腎衰竭，只能延緩惡化的速度罷了，即便持續進行治療，病情最終還是會逐漸惡化。

此外，如果引發貧血，有時會餵食荷爾蒙劑。天竺鼠不太能像其他動物般進行輸血。

即使都待在家裡，也要費點心思讓天竺鼠多攝取水分。假如牠們喝水的方式較為笨拙，水有時會從嘴裡溢出來滴落至地面，尤其如果有咬合不正的問題往往無法像以前那樣運用嘴巴，所以必須仔細觀察。

除此之外，還可大量餵食蔬菜等水分較多的食物，藉此增加水分攝取量。

要是吃太多蔬菜而導致軟便，則有引發脫水的危險性，建議仔細觀察糞便的形狀，確認是否排出健康的大便。

◯預防法

難以預防，所以最好平常就確實檢查小便的量。

泌尿器官的腫瘤

天竺鼠泌尿器官上長腫瘤的病例少之又少，目前已有的病例有：發生在膀胱的移形上皮癌、腎臟上的纖維肉瘤，還有腎臟細胞癌等。

等我上了年紀，要多留意腎衰竭問題！

卵巢的疾病

卵巢囊腫

○這是什麼樣的問題？

發生頻率高，據說66～75％的雌鼠都會發病，且年齡範圍廣，可見於3個月～5歲不等，又以2～4歲的雌鼠最為常見。

一般認為與有無繁殖經驗並無因果關係。通常兩邊卵巢都會長，但似乎也有不少是只發生在右側。

常見的症狀有腰部或腹部的毛變稀疏，並未伴隨發癢。有時乳腺部位的皮膚會變得硬硬的，甚至還會做出騎乘行為（Mounting）或是攻擊性增加。

除此之外，還會出現食慾減退、有氣無力或發出叫聲等症狀，不過在有些情況下根本毫無症狀。

一旦卵巢囊腫變大，光是觸診就能發現，但必須進行超音波檢查才能正確做出診斷。超音波檢查也有助於定期確認囊腫的大小。

○治療法

如果是早期階段，有時注射荷爾蒙製劑即可治癒，但通常都會透過外科手術加以摘除。

然而，在囊腫變大到一定程度之前，幾乎看不到掉毛以外的症狀，所以很難判斷是否有必要動手術。

腺癌

○這是什麼樣的問題？

卵巢腫瘤的一種。這種疾病大多是在進行卵巢子宮摘除手術時偶然發現的（→關於腫瘤，詳見157頁）。

子宮的疾病

子宮肌瘤

○這是什麼樣的問題？

常見於雌鼠的疾病。長在子宮的腫瘤有「良性的子宮平滑肌瘤」、「惡性的子宮平滑肌瘤」等。

此外，「子宮內膜增生症」雖非腫瘤，但有時會進而形成腫塊，不會轉移，但有出血等風險。

罹患卵巢囊腫後，會分泌大量女性荷爾蒙，所以很容易引發「子宮內膜增生症」或「子宮內膜炎」，前者是因為子宮受到刺激導致子宮內膜過度增生，進而形成腫塊。

長了卵巢囊腫而透過手術摘除的卵巢，
因為囊腫而變大腫脹。

從陰部排出的血塊有時會掉落在飼育籠內。然而，如果只是血液落下，也有可能是足部出血（→關於足底皮膚炎，詳見129頁）或血尿。

天竺鼠的尿道與陰部出口不同，所以如果是陰部出血，便可以判斷是子宮出血。

發生出血的情況下，血液是否混在尿液中排出？量多嗎？血液是如何流出的？這些都是極其重要的資訊。最好拍下照片等，並接受檢查。

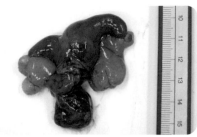

發生子宮脫垂的子宮。與已形成的腫瘤一併摘除。

◎治療法

透過外科手術摘除卵巢與子宮。然而，天竺鼠的卵巢子宮摘除手術比其他動物還要困難，建議提前與獸醫好好討論。

如果沒有趁早期階段趕緊治療，時間一久，囊腫往往會波及膀胱等周邊的臟器。若演變至此，會連手術都無法進行。繼續觀察狀況並沒有什麼好處，如果要動手術，最好盡早著手準備。

陰道脫垂、子宮脫垂

◎這是什麼樣的問題？

因為子宮或陰道外翻而從陰部脫出

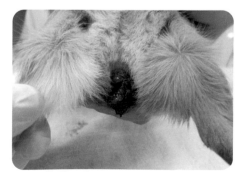

發生子宮脫垂的陰部。

的疾病。會發生在分娩前後或子宮長腫瘤等時候。

如果天竺鼠去擺弄脫出的子宮或陰道，出血的危險性極高。要是牠們四處走動，會因與地面磨擦而受傷。

不妨費點工夫，比如將飼育籠隔成小區域以便天竺鼠好好靜養，並立即帶去動物醫院就診。

◎治療法

即便把陰道或子宮推回體內，有時還是會再次脫垂。此外，脫出體外的臟器如果受到損傷，就會引發壞死而無法再放回體內。

建議透過外科手術把脫出體外的部分拉回體內，子宮則予以摘除。

乳腺的疾病

天竺鼠的乳腺根部處有時會長出腫塊，也有可能造成腫瘤或炎症。

如果摸起來無流動性而硬硬的，很有可能是乳腺腫瘤；摸起來有流動性、熱熱的且一捏就痛，則多為乳腺炎。

乳腺炎

◎這是什麼樣的問題？

因為乳腺細菌感染所引發的炎症。由「大腸桿菌（Escherichia coli）」、「巴氏桿菌」、「克雷伯氏菌」、「葡萄球菌」、「鏈球菌」、「假單胞菌屬」等所引起。

若按壓乳腺，有時會有膿狀物從乳頭流出，患部往往會發熱且一碰就痛。

◎治療法

去除乳腺上的髒汙並餵食抗生素。有時也會因乳腺腫瘤而併發乳腺炎，所以必須慎重地進行治療與診斷。改善生活環境也必不可少。

◎預防法

天竺鼠四處走動時會摩擦到腹部，所以乳頭容易接觸到地面，如果地板不衛生，乳頭就很容易細菌感染。最好勤加清掃，維持飼育環境的清潔。

乳腺腫瘤

◎這是什麼樣的問題？

雄鼠與雌鼠都有可能長出乳腺腫瘤，發生頻率極高且無關乎性別，建議定期檢查乳腺是否有長出腫塊。

一般來說大多為惡性的乳腺管癌，不過轉移相對罕見。此外，偶爾會有其他腫瘤擴散而在乳腺部位形成腫塊，所以最好請獸醫診斷。

透過細胞學檢查即可診斷是否為腫瘤，至於是良性還是惡性，則必須把外科手術所摘除的東西送去做病理組織學檢查才能確定。如果在動手術前就透過X光檢查等而確定已經發生轉移，很有可能是惡性或已經發生多次轉移，痊癒的難度高，所以有時不會進行手術。

◎治療法

內科治療幾乎沒有效果，必須透過外科手術加以摘除。即便腫塊只長在一側，有時會兩側皆予以切除。

精巢腫瘤

◎這是什麼樣的問題？

有時會單側精巢腫脹，而沒有腫瘤那側的精巢則萎縮，不過天竺鼠不太會罹患精巢腫瘤。

◎治療法

摘除精巢。建議發現時就盡快處理。不過一般不會為了預防而先摘除。

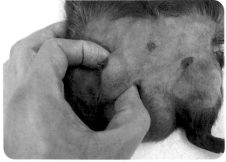

乳腺腫瘤已經大到光是觸摸就能發現的程度。

長在精巢上體的膿瘍。面向照片的右側有大面積腫脹。

內分泌疾病

甲狀腺機能亢進症

○這是什麼樣的問題？

喉嚨下方附近的甲狀腺所分泌的甲狀腺荷爾蒙量異常增加所引起的疾病。

甲狀腺荷爾蒙原本只會固定分泌所需的量，當天竺鼠罹患甲狀腺增生、甲狀腺腫大或甲狀腺癌等疾病，甲狀腺荷爾蒙的分泌量就會增加。

任何年齡都有可能發病，又以3歲以上特別常見，且沒有性別差異。

會出現體重減輕、飲水量與尿量增加、個性變活潑或是反而變得神經質、軟便或腹瀉、毛的色澤變差、眼球突出、背部至鼠蹊部掉毛、頻脈、心雜音、心律不整等症狀。

觸摸脖子附近，便可發現腫大的甲狀腺。然而，頸部淋巴結炎、淋巴瘤或其他腫瘤等也會造成頸部附近腫大，透過血液檢查來檢測甲狀腺荷爾蒙的量，即可做出診斷。

○治療法

餵食可抑制甲狀腺荷爾蒙合成的抗甲狀腺劑，降低其甲狀腺荷爾蒙的量。不過，已經產生且儲存起來的甲狀腺荷爾蒙還會往血液裡分泌一段時期，無法立即降低荷爾蒙量。

為了確認甲狀腺荷爾蒙是否已恢復正常的濃度，建議定期測量甲狀腺荷爾蒙來調整藥物劑量。

甲狀腺荷爾蒙會加劇腎上腺素 β 感受器的介導作用，藉此增加心臟的收縮力與心率。因此，罹患甲狀腺機能亢進症有可能會引發頻脈或心雜音等。這種時候就要利用名為 β 受體阻斷劑的心臟藥物來加以抑制。

另一個方法是透過外科手術來切除甲狀腺。然而，有許多粗血管運行於甲狀腺的周圍，所以這往往是極其艱難的手術。

另外，可能必須同時摘除與血液鈣濃度息息相關的臟器「甲狀旁腺」，手術後也需要細膩的管理。

腎上腺皮質機能亢進

○這是什麼樣的問題？

腎臟旁邊有個長約1cm、厚約5mm的臟器，即腎上腺。這種疾病便是因為該腎上腺所分泌的荷爾蒙過量所致。

腎上腺會分泌各式各樣的荷爾蒙。天竺鼠在罹患此疾後，腎上腺皮質激素「糖皮質素」的分泌量大多會增加。

腎上腺皮質激素是在接收到腦下垂體所釋出的荷爾蒙指示後才會分泌。如果腦下垂體或腎上腺上長了腫瘤，就會導致腎上腺激素分泌過量。已有報告指出，天竺鼠的腎上腺也可能形成腫瘤。

出現的症狀有飲水量與尿量增加、左右對稱掉毛但不會發癢、皮膚變薄、失去活力而不太活動、肝臟腫脹變大、體重減輕等。

診斷時，會透過超音波檢查等來確認變大的腎上腺，並檢視其症狀。另有血液檢查或從唾液來做荷爾蒙檢測等方法。

○治療法

若不加以治療，可能會致死，所以應透過藥物來抑制腎上腺產生荷爾蒙。

該藥物是用來抑制荷爾蒙量的，所以沒有阻止腎上腺腫瘤變大的效果。

治療效果會隨著藥劑量增加而有所提升。目前還不太清楚適合天竺鼠的藥劑量，也尚未確立治療方式。

藥劑量太少則症狀不會有改善，藥劑量過多則可能引發體重減輕或食欲不振等，建議與獸醫好好討論後再進行治療。

○預防法

有報告指出，維生素C不足會導致皮質醇增加且腎上腺肥大。最好提供足夠的維生素C。

糖尿病

○這是什麼樣的問題？

因為血糖值上升所引起的疾病。位於胰臟胰島的 β 細胞會產生名為胰島素的荷爾蒙，如果此功能無法正常運作，就會引起糖尿病。目前尚未明確掌握天竺鼠的病況。

可以觀察到飲水量增加、膀胱炎、反覆少量小便等症狀，因此屁股四周經常處於濕潤狀態。

尿液中含有糖分，所以毛會變得黏黏的，如果置之不理，會引發皮膚炎，屁股周遭最好定期清潔乾淨。

陰部四周若發生細菌性皮膚炎，也很容易引發膀胱炎。長毛種的毛容易被尿液弄髒，所以將毛修短會比較理想。

一旦罹患糖尿病，還有可能引發白

內障（→詳見151頁），或是在很長一段時間內體重逐漸下降。

診斷時，可透過尿液檢查確認尿液中是否含糖，或是透過血液檢查確認血糖值是否增加。

○治療法

據說天竺鼠所罹患的糖尿病大多與胰島素無關。不過卻有報告指出，利用胰島素可以成功控制血糖值。

在治療上，會每天皮下注射胰島素來控制血糖值。胰島素過量有時會造成低血糖而生病，因此必須定期測量血糖值來進行治療。

另有使用促進胰島素分泌的口服降血糖劑等治療法，但效果尚不明確。

○預防法

建議提供高纖維的食物，避免種子類、玉米等高脂肪食物為宜。

眼睛疾病

角膜炎

◎這是什麼樣的問題？

因為角膜受傷所引起的。大多是牧草進入眼睛內所導致，有時則是在抓撓耳朵或眼睛時，不慎抓到了眼睛而造成傷口。

◎治療法

如果眼屎一直附著在眼睛表面，角膜的感染有時會惡化而變得更加嚴重，所以如果有眼屎附著，建議用水等加以洗除。假如清除眼屎時可能會傷及眼睛，不妨帶到動物醫院請人處理。

在動物醫院，醫生會先檢查角膜是否有受傷。要是角膜上有傷口，會使用可促進角膜修復的眼藥水。此外，一旦引發感染會變得更為嚴重，所以還要一併使用添加抗菌劑的眼藥水。

◎預防法

將飼育環境中尖銳的木材或尖刺物等一一去除並保持清潔。

白內障

◎這是什麼樣的問題？

眼睛中的水晶體（調節聚焦之處）變白且混濁，導致眼睛變白。一旦完全變白，光就無法抵達視網膜而失明。除了遺傳因素，也有可能因糖尿病（→詳見150頁）而發病。因此，一旦發現白內障，建議也透過尿液檢查確認是否有出現尿糖，不過治療糖尿病並無法治好白內障。

◎治療法

白內障基本上無法可治。如果是其他動物，可以進行外科手術把水晶體換成人工水晶體，但現階段還無法對天竺鼠執行這樣的手術。只能使用有助延緩惡化的眼藥水。

即便失明，生活上應該不會有太多不便之處，但是有時會對突如其來的聲響等感到害怕，因此若天竺鼠得了白內障，要靠近時最好出聲告知。此外，飼育籠內或作為玩耍區的房間若突然改變物品的擺設位置，天竺鼠會因為看不到而感到混亂不安，請盡量不要改變牠們的生活環境，非改變不可時，做決定前最好深思熟慮，以確保一次解決問題。

◎預防法

如果是遺傳的就無法預防。建議格外留意，避免得糖尿病。

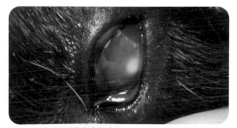

眼睛表面受了傷而引起角膜潰瘍。

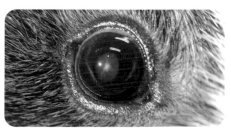

得了白內障的眼睛，原因尚無定論。

結膜炎

◉這是什麼樣的問題？

結膜發炎，眼睛流淚且充血變紅或腫脹。

有時會因角膜炎造成眼睛發炎而發病，也有可能是感染「披衣菌」（→關於細菌性疾病，詳見139頁）等所引起的。

◉治療法

使用抗生素眼藥水。尤其如果還伴隨著鼻水，抗生素眼藥水就更不可少了。

假如會癢，還會使用具有消炎作用的眼藥水。

◉預防法

保持飼育環境的清潔，並做好每天的健康管理，以免抵抗力下降。

乾性角結膜炎

◉這是什麼樣的問題？

因為眼淚分泌量變少而導致眼睛乾澀的疾病，也就是所謂的乾眼症。如果眼屎很多卻沒有淚眼汪汪，或許就是乾眼症。

一般會進行檢查，確認是否有正常分泌淚液，要是淚液量太少，即可確診。眼睛長時間處於乾燥狀態的話，很

淚液量變少且被診斷為乾性角結膜炎的眼睛。

可能會傷及角膜表面。

◉治療法

點眼藥水來促進淚液分泌。如果再次發生細菌增生，還要點些抗菌劑。大部分的情況下都要進行持續性的治療。

問 不 出 口 的
Q&A ③

Q 應該告訴動物醫院哪些內容？

我帶天竺鼠去動物醫院時太緊張了，不禁假裝比實際上還要無微不至地照顧牠……。提到平日裡的照顧工作時，我應該誠實到什麼程度才好呢？

A 請誠實相告，以便做出適當的診斷。

為了對天竺鼠做出適當的診斷，就需要多一點正確的訊息。不小心錯過機會而未告知的一些行為變化等相關事項中，可能隱含著重要的線索。建議盡可能確實回答獸醫所提出的問題，不知道的時候就明確告知不知道。如果在醫院裡就是會緊張得無法說話或忘記告知，建議把想說的內容一一條列下來。

獸醫會竭盡全力來改善天竺鼠的狀態，所以也會在交談中試圖矯正飼主不適當的飼育方式等，這並不是在發怒，而是為了改善天竺鼠往後的狀況。

天竺鼠生病的時候，最重要的便是讓牠好起來。如果飼主與獸醫彼此有過多顧忌，會延誤天竺鼠的治療，那可就麻煩了。另一方面，如果只是喋喋不休地交談，天竺鼠的狀態也不會好轉。最好確實共享資訊，充分利用有限的時間來進行治療。

神經疾病

發作

◎這是什麼樣的問題？

天竺鼠有時會引發癲癇發作般的症狀。

而所謂的「癲癇發作」起因於腦部，是因為腦神經異常放電而引發慢性且會反覆發生的神經症狀。

因此，如果是腦部以外的問題所引起的發作，即便看起來相似，也不能稱為癲癇發作。

因為腦部問題所引起的發作，常見原因為外傷或腦瘤。

假如腦部本身並未發生異常，那麼原因可能在於疥癬症、淋巴球性脈絡叢腦膜炎病毒、敗血症等傳染病，或是胰島素瘤、肝衰竭、腎衰竭、酮症酸中毒、低鈣血症、低血糖等在血液檢查上認定為異常的狀況，或者中毒等。

此外，倘若觸摸天竺鼠的背部等處就會引起發作，則有可能是疥癬症所致（→關於疥癬症，詳見126頁）。

出現重度貧血、姿勢異常等神經症狀的天竺鼠。
隨著貧血狀況的改善，症狀也逐漸緩解。
即使看起來很嚴重，只要能查明原因，就有可能獲得改善。

如果不幸引起「發作」，最好帶到動物醫院就診。

「發作」在短時間內就結束的話倒是無妨，但若持續較長時間，則會因為腦部遭受損傷而留下後遺症，有時還會致命。

◎治療法

假如透過檢查確認是疥癬症或低血糖等異常，就不是癲癇發作，那麼針對致病原因進行治療至關重要。

要是檢查之後並未發現異常，進行MRI檢查或許可以檢驗出腦內的異常，但是必須先麻醉才能進行，不但對天竺鼠來說負擔很大，有時仍然無法做出明確的診斷。

發作可以靠注射抗癲癇藥物來加以控制，但效果只能維持一段時間，藥物失效後，腦神經再次異常發電的話，就有可能再度發作，所以必須持續餵藥。

此外，如果不是腦內異常，而是低血糖或低鈣血症等原因所引起的，這種情況下或許只要補充缺乏的物質即可抑制發作。

原因不明的情況下，雖然不見得有效，但還有一種手段是讓天竺鼠在嘴裡含少許砂糖水。要是低血糖所引起的，這種方法多少能看到效果。

不過這只是暫時的解決之策，即便發作就此平息下來，還是務必帶到動物醫院就診。

胰島素瘤

●這是什麼樣的問題？

只要攝取糖分，血糖值就會上升，位於胰臟胰島的 β 細胞便會分泌一種名為「胰島素」的荷爾蒙，並作用於全身細胞。

如此一來，血液中的糖分會被攝入細胞中，致使血糖值降低而恢復正常。胰島素瘤便是因為這種胰島素分泌過剩而在胰臟形成了腫瘤。

主要的症狀有血糖值下降且嗜睡。體重減少的天竺鼠中，有些還會出現維持躺臥姿勢卻像在划水般移動著腳，或是頭部傾斜等神經症狀。

●治療法

若能透過手術摘除胰臟的腫瘤是最理想的，但是要在天竺鼠活著的期間透過檢查等來找出腫瘤的位置並不容易，大多都會進行內科治療。

治療的目的在於「避免引起低血糖」，因此會透過治療來抑制分泌過剩的胰島素。不過腫瘤仍原封不動，所以停止治療的話，就有可能再度讓低血糖發作。

因低血糖引起發作而無法起身的天竺鼠。

藥物以胰島素拮抗性調節荷爾蒙為主，會使用糖皮質素（促進肝臟產生糖、降低末梢對胰島素的反應並阻礙糖分的運用）或氯甲苯噻嗪（抑制胰島素分泌）等，其用量等則是根據獸醫的經驗來決定。

即便患有低血糖，平常也不要讓天竺鼠攝取糖分。一旦攝取了糖分，本來就分泌過剩的胰島素會增加更多，進而導致低血糖。低血糖發作時，有必要運送醣類至腦神經，所以才讓天竺鼠攝取糖分，但日常生活中則須盡量持續餵食飼料以免能量耗盡，並輔以藥物來防止發作。另外，也不要餵食木糖醇等人工甜味劑。人工甜味劑無法轉化為能量，卻會讓身體誤以為血糖值上升而促進胰島素的分泌，有助長低血糖的危險性。

前庭神經炎

●這是什麼樣的問題？

會出現頭部傾斜，而被稱為「斜頸症」的症狀。一般是因為三半規管發炎，引發內耳炎後又擴散為中耳炎，從而引起這樣的症狀。

內耳炎主要是由「肺炎鏈球菌（Strep-tococcus pneumonia）」、「流行鏈球菌（Strep-tococcus zooepidemicus）」與「支氣管敗血性博德氏桿菌（Bordetella bronchiseptica）」感染所引起的。

中耳炎則須透過X光檢查來診斷，若結果顯示出名為鼓室胞的空間滲透性不佳等，即可確診。

除此之外，據說因為兔子的斜頸症而為人所知的「兔腦炎微孢子蟲」也會引起前庭疾病，但是很難診斷出來。

天竺鼠一旦罹患前庭疾病就會陷入食慾不振，即便有食慾，也會因為無法走到食物處而無法進食，還會因為無法喝水而引發脫水症狀。

○治療法

會使用抗生素來進行治療，但是效果不彰。

如果因為食慾不振等原因而無法進食，須盡早強制餵食，以免陷入營養不足的狀態。

同理，應查看飲水器的水量等，確實檢查天竺鼠是否連水都無法喝。

請供應大量的蔬菜，如果還是脫水或是有脫水跡象，則須施打點滴。

○預防法

兔腦炎微孢子蟲是經由兔子傳染的。最好維持環境衛生，不要讓天竺鼠接觸到容易成為傳染途徑的兔子尿液。

麻痺

如果前腳與後腳都發生麻痺的情況，研判可能是外傷、維生素C缺乏

天竺鼠的斜頸症。如果持續這種歪脖子的狀態，
有可能是罹患前庭疾病等因素造成。

症、末梢神經疾病、淋巴球性脈絡叢腦膜炎病毒等所引起的。

假如感覺天竺鼠走路的方式有異，或許是足底皮膚炎等所引起的疼痛。最好仔細確認手足尖端等處是否有受傷。

若患有維生素C缺乏症（→詳見156頁），當肌肉發生內出血，就會引起麻痺。

此外，正中神經與尺骨神經這兩條神經如果在掌骨附近受到壓迫，也可能會引起前肢麻痺與癱軟無力。

淋巴球性脈絡叢腦膜炎病毒

○這是什麼樣的問題？

家鼷鼠身上的「沙狀病毒屬沙狀病毒科的病毒」所引起的傳染病。

初期可觀察到失去活力、食慾不振與毛髮變粗等症狀，隨著病情的惡化，還會引發體重減輕、彎腰駝背、眼瞼炎、痙攣等症狀，最終喪命。此外，很多天竺鼠都出現後肢麻痺。

主要是吸入、攝取或直接接觸到遭汙染的尿液、唾液或糞便而感染。有時也會經由胎盤從母親傳染給孩子。

○治療法

無法可治。是連人類都會感染的危險疾病。

營養性疾病

維生素C缺乏症

○這是什麼樣的問題？

發生於維生素C不足時，又稱為「壞血病」。天竺鼠與人類、靈長類、部分蝙蝠一樣，體內沒有一種名為「L-葡萄糖酸-γ-內酯氧化酶」的酵素，所以無法在體內產生維生素C，必須從食物中攝取。

會出現各式各樣的症狀，比如毛的質感變差、食慾不振、體重減輕、腹瀉、磨牙、因疼痛而哀嚎、傷口癒合緩慢、拖著腳走路或不良於行（跛行）、免疫力下降引發的傳染病、肋軟骨關節處腫脹、皮下及骨骼肌或膝關節等處的關節周圍出血等。

一旦缺乏維生素C，確實維護牙齒所需的膠原蛋白就會受損，因此也有可能造成牙齒鬆動或咬合不正。

如果缺乏維生素C的狀態持續下去，會引發嚴重貧血與大面積出血，最終導致死亡。

一般認為，如果只觀察到跛行等症狀，治療的效果會稍微好一點，但如果出現食慾不振、流口水、下顎無法順利移動等症狀，預後就會不太理想。

假如是無症狀的維生素C缺乏症，則會造成膽固醇或中性脂肪增加。此外，若同時引發維生素E缺乏症，也有可能導致抗氧化作用不足，對中樞神經造成不良影響，進而引發麻痺。

○治療法

可透過注射或口服餵藥來攝取維生素C。服食市售的維生素C劑也有可能無法確實攝取到維生素C，所以最好請獸醫開立維生素C的處方。

治療時，每1kg的體重需攝取50～100mg的量。如果出現關節痛等，還會使用止痛藥。

○預防法

最好每天攝取所需的維生素C的量。天竺鼠一天需要15～25mg的維生素C，不過如果做了激烈運動、患有傳染病、處於高度壓力下或懷孕期間，體內的維生素C消耗量會增加。這種時候最好多供應一些維生素C，以30mg為佳。

此外，建議做好適當的食物管理，並在攝取含大量維生素C的蔬菜上多費心思。

研判是維生素C缺乏症所引起的後肢麻痺。

腫瘤、囊腫、膿瘍

腫塊、腫瘤與癌症的差別

在動物醫院聽醫生說明時，有時會出現腫瘤、癌症、腫塊等各式各樣的用語。

「腫塊」是指無關乎成因，在身體或臟器某部位形成的硬塊，含括腫瘤與膿瘍等。

「腫瘤」的定義是「開始自律增生的細胞集團」，亦即會擅自持續增生的細胞團塊。腫瘤又分為「良性腫瘤」與「惡性腫瘤」兩大類。「良性腫瘤」便是指「膿腫」。

「惡性腫瘤」則是指「癌症」，會滲透四周正常的組織，還會轉移。所謂的滲透，是指腫瘤會混入四周正常的組織與之相融，且腫瘤細胞會逐漸增生。而所謂的轉移則是指腫瘤細胞乘著淋巴液或血液等，從原本的地方移動至另一個地方，並逐漸增生。如果持續轉移，癌細胞就會擴散至全身。不過即便是惡性腫瘤，惡化的速度也各有不同，有些比較容易滲透，有些則不太容易轉移。

大部分的腫塊都無法透過觀察或觸摸來進行診斷。透過「細胞學檢查」，即用針刺進腫塊中抽取細胞來檢驗，便可大致了解是否為腫瘤。

話雖如此，這只是針對用針抽取出的部分細胞做檢查，即便得知該腫塊屬於腫瘤，卻無法判定是「良性」還是「惡性」。

透過外科手術取出腫瘤來進行「病理組織學檢查」後，才能夠做出明確的診斷。

檢驗結果若顯示腫瘤裡面是膿，便是「膿瘍」，如果是癌症，也能判斷是哪一種癌症。

然而，即便透過病理組織學檢查而得知是惡性腫瘤，仍然無法判定病源，這樣的情況並不罕見。

淋巴瘤

●這是什麼樣的問題？

「血液的癌症」之一。白血球中的淋巴球變成腫瘤，不斷增加並侵蝕身體。

其程度各異，有些惡性程度高，腫瘤細胞會急遽增加而在短期間內造成身體不適，有些則惡性程度低，腫瘤細胞增加緩慢而漸漸侵蝕身體。

一般來說，天竺鼠的淋巴瘤以惡性程度高的居多。淋巴瘤大多自然發生在各種淋巴結中，但有人認為天竺鼠的前縱膈腔型淋巴瘤可能有 α 反轉錄病毒參與其中。

然而，即便體內存有這種病毒，也檢查不出來，所以很難判定病因。

症狀包括食慾不振、睡覺時間長、毛髮變粗糙、呼吸急促、淋巴結腫大等。下顎附近的下顎淋巴結與膝後膕窩的淋巴結比較容易發現，但如果對其身體不熟悉，即便摸了也很難判斷是否腫脹。

在醫院可以進行「細胞學檢查」，

即用針刺進腫起的淋巴結，抽取裡面的細胞來檢驗。

如果病情惡化，可能會引發血液中的腫瘤細胞變多的「白血病」，或是位於肝臟、脾臟等內臟或心臟的前縱膈腔中的淋巴結腫大。

○治療法

遺憾的是，淋巴瘤是沒有方法可以治癒的，因為天竺鼠的淋巴瘤大多惡性程度高，很多在發現時就已經惡化了。要早期發現與診斷極其困難，反覆診療2～3次後才發現的案例並不少見。

須餵食糖皮質素或其他口服藥來治療。天竺鼠的血管較細，應該很難像其他動物般透過靜脈注射等來接受抗癌藥物。

即便透過治療而暫時消除了腫脹或讓天竺鼠恢復了活力，仍會在治療途中再次發作（復發）。大部分的情況下，復發後的二度治療通常會失敗，最終導致死亡。

淋巴瘤的治療＝「暫時改善以延長壽命」，所以建議與動物醫院好好討論如何治療並密切觀察療程。

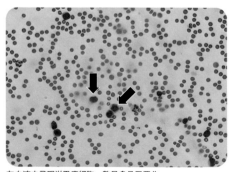

在血液中發現淋巴瘤細胞，數量多且已惡化。

長在身體表面的腫瘤

○這是什麼樣的問題？

若在天竺鼠身體表面發現腫塊，最好盡早帶到動物醫院就診。

如果是裡面有膿的膿瘍可能無妨，但很多都是腫瘤，尤以名為毛髮上皮瘤的良性腫瘤最為常見。也有可能是惡性腫瘤，所以必須格外留意。

腫塊變大的速度是無法預測的。觀察好幾週後，也有可能變大到無法進行手術。

建議不要自行判斷，盡早與獸醫討論並思考應對之策。

○治療法

大部分的腫瘤都無法以藥物治療加以縮小，所以通常是透過外科手術加以摘除。

天竺鼠的皮膚腫瘤較常出現在臉部等皮膚較少的部位。根據腫瘤的位置與大小，也有可能無法動手術。

即便是良性腫瘤，如果像毛髮上皮瘤長得太大，也有可能變成潰瘍而引發出血或感染，所以盡早切除為宜。

○預防法

沒有辦法預防，早期發現至關重要。定期觸摸全身，如果發現有什麼腫塊，最好盡早帶到動物醫院就診。

尤其是腹側，在一般的姿勢下是看不到的，即便看到也很難察覺是腫瘤，等到變大後才發現的案例並不少見。

天竺鼠也很常發生乳腺腫瘤，所以最好平常就觸摸全身加以確認。

建議讓牠們從小就習慣被抱，以免

造成壓力，並在短時間內完成檢查。

◎這是什麼樣的問題？

　　這是長在身體表面的腫瘤中最常見的類型。大多發生在雄鼠身上，通常長在臭腺所在的屁股附近。

　　比較容易變大，有時還會崩塌變形，變成潰瘍而化膿。特徵在於變大的速度比其他腫瘤還要快。

◎治療法

　　是一種良性腫瘤，所以只要切除便很有可能痊癒。

脂肪瘤、脂肪肉瘤

◎這是什麼樣的問題？

　　皮下的脂肪會積存在脂肪細胞，而這些脂肪細胞有可能會變成腫瘤。

　　良性的稱為「脂肪瘤」，惡性的則為「脂肪肉瘤」。脂肪瘤的發生率高，脂肪肉瘤卻很罕見。

　　透過細胞學檢查很難判定是否為惡性，所以最好取出腫瘤來進行診斷。

◎治療法

　　基本上要透過手術摘除。

表皮囊腫

◎這是什麼樣的問題？

　　汗垢等老廢物質堆積在皮膚真皮層所形成的，並非腫瘤。

◎治療法

　　大部分表面會有一個開口，按壓就能擠出裡面的東西。

　　起因是部分皮膚形成囊袋，導致老廢物質堆積其中。

　　擠出內容物後便會縮小，但若留著囊袋，就會再次堆積而變大，所以大多會透過手術將整個囊袋摘除。

長在天竺鼠屁股上的表皮囊腫。

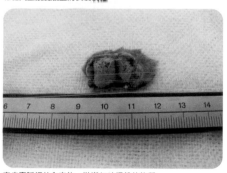

表皮囊腫裡的內容物，裝滿如垃圾般的物質。

膿瘍

● 這是什麼樣的問題？

有膿積聚的腫塊即稱為膿瘍，膿瘍變太大有時會破裂。此外，如毛髮上皮瘤般長在身體表面的腫瘤如果變太大而部分裂開，可能會有細菌從該處引起感染而演變成膿瘍。

咬傷或擦傷等外傷部位經細菌感染後，也有可能變成膿瘍。有些部位可能會引起發燒或疼痛，導致食慾不振。

● 治療法

排出膿液並徹底洗淨十分重要。應塗抹抗生素軟膏或口服抗生素。

如果是腫瘤所造成的膿瘍，會很容易復發，所以有的時候要透過外科手術加以摘除。

有時則會先進行藥物敏感試驗，再來選擇要使用的抗生素。

假如感染到骨頭等處，則必須持續治療較長時間。最好在全身出現症狀之前盡早進行治療。

問 不 出 口 的
Q&A ④

Q 脫落的趾甲會再長出來嗎？

天竺鼠在進出飼育籠時卡到趾甲，結果趾甲就剝落了。我用止血劑止了血，但是之後趾甲都沒有再次長出來的跡象，會不會就這樣不長了呢？

A 如果是從根部脫落，就不會再長出來了。

不清楚趾甲與腳趾的實際狀況，所以無法就此斷定，但如果是從根部脫落，之後大概不會再長出來；如果只是趾甲斷裂，那麼應該會再長出來。

假如天竺鼠的走路方式出現變化，或是不願意四處走動，說不定不只趾甲脫落了，連腳趾都受了傷或骨折。請觀察天竺鼠的狀況，如果覺得不對勁，最好帶到動物醫院就診。

另外，如果趾甲過長，也會很容易折斷或脫落，平日裡就應該檢查趾甲的狀態，長太長的話就該修剪才是（關於剪趾甲的方法，詳見98～99頁）。

建議也重新檢視飼育籠內的地板鋪材。地板為金屬網或是有縫隙的話，就有可能卡到趾甲。有圈線的地毯或毛巾也是卡到趾甲的原因。請選擇不會卡到趾甲，且對足部較無負擔的地板鋪材（關於地板鋪材，詳見51～52頁）。

其他疾病

骨折

●這是什麼樣的問題？

有時腳會卡在飼育籠底網上而骨折。如有骨折的疑慮，最好盡速送至動物醫院就診。以骨折的狀態動來動去的話，骨頭甚至會穿破皮膚，還會因為疼痛而食慾不振。

假如無法立即就醫，不妨將飼育籠隔成小區域，避免天竺鼠四處移動。

●治療法

基本上要進行外科手術。趾頭細小的骨頭很難動手術，加上未骨折的其他趾骨會成為阻礙，有時必須以貼紮等方式來處理。若為粉碎性骨折或傷口外露而引發細菌感染，有時必須將骨折的腳截肢。因為留下折斷的腳會持續地疼痛，還有細菌從傷口入侵而引發敗血症死亡的危險性。

若是骨盆或脊柱骨折，外科手術會難上加難。傷及脊髓會導致無法行走或無法自行排尿。雖可利用消炎止痛劑等抑制疼痛，卻很難治癒。

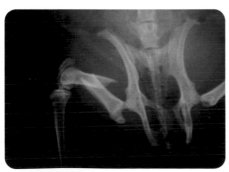

後腳骨折了。

中暑

●這是什麼樣的問題？

入夏後濕度會上升，即便氣溫沒那麼高，卻還是有可能中暑。如果是養在衣物收納箱這類通風不佳的飼育環境中，最好格外留意。

在高溫下，也很容易因為排泄物等原因而引發呼吸器官的傳染病。

假如天竺鼠一直流口水、呼吸變淺變快、呈現發紺狀態而舌頭變成紫色，或是發燒的話，會格外危險。

高燒狀態持續過久，會破壞內臟器官，即使暫時恢復，仍可能危及性命。

一旦察覺到高燒，便使用保冷劑等冰敷頸部或大腿之間，同時留意避免過冷的溫度傷及皮膚，也可以稍微沾濕毛再吹點風使體溫下降，並盡早前往動物醫院就診。

●治療法

進行預防休克治療或打點滴。

●預防法

夏天應利用電風扇等來促進飼育環境的空氣循環，以免熱氣積聚。

此外，夏季在外出的途中中暑也是常有的事。要去醫院時，最好利用保冷劑等恰到好處地為天竺鼠降溫，並且在半路上定時確認提箱內的溫度。

兔形目與齧齒目口腔構造的差異

兔形目與齧齒目的牙齒特性

天竺鼠、兔子、南美栗鼠與八齒鼠都是很受歡迎的寵物，食物也有共通之處：牧草、固體飼料、蔬菜等。因此，應該也有人認為牠們的身體構造是相似的。不過牠們的牙齒特性各有不同。

天竺鼠、兔子、南美栗鼠與八齒鼠的牙齒皆為一生都會持續生長的「常生齒」。另一方面，倉鼠、老鼠與家鼷鼠則是只有門牙屬於「常生齒」，臼齒並不會生長。而這些常生齒有別於其他動物，有著開放性的牙根。

此外，人類的所有牙齒都會排列整齊地生長，但是兔形目與齧齒目的牙齒在門牙與臼齒之間有明顯的縫隙。之所以呈現這樣的構造，是因為每顆牙齒的功能有所分工：用門牙咬斷，再用臼齒磨碎。

天竺鼠、南美栗鼠與八齒鼠一輩子都使用同一套牙齒，這稱為「不換性齒」。至於兔子的牙齒則稱為「再出齒」，在母體中或是出生後沒多久，就會從乳牙替換成恆牙。

牙齒數量（單側的數量）

		門牙	犬齒	前臼齒	後臼齒	總數
天竺鼠	上顎	1	0	1	3	20
	下顎	1	0	1	3	
兔子	上顎	2	0	3	3	28
	下顎	1	0	2	3	
南美栗鼠	上顎	1	0	1	3	20
	下顎	1	0	1	3	
倉鼠	上顎	1	0	0	3	16
	下顎	1	0	0	3	
八齒鼠	上顎	1	0	1	3	20
	下顎	1	0	1	3	
狗	上顎	3	1	4	2	42
	下顎	3	1	4	3	
貓	上顎	3	1	3	1	30
	下顎	3	1	2	1	
人	上顎	2	1	2	3	32
	下顎	2	1	2	3	

門牙的生長速度

	1天	1週	1年
天竺鼠	0.25～0.35mm	1.5mm	95～120mm
兔子	0.35～0.4mm	2.4～3.0mm	120～150mm
南美栗鼠	—	3.0mm	60～80mm
倉鼠	0.2～0.8mm	—	73～280mm
老鼠	0.3～0.4mm	—	110～150mm

天竺鼠的牙齒

　　大部分齧齒目的牙齒都是黃色、橙色或褐色，但天竺鼠的門牙是白色的，而且門牙必須使勁才能咬合。

　　天竺鼠的臼齒是以平展的方式往後方生長，和兔子平行生長的臼齒有所不同。不僅如此，牠們的臼齒咬合角度約為30度，所以發生咬合不正而必須剪牙時，也要斜向切割，要剪出斜度就需要技術。

　　此外，天竺鼠的上顎比下顎窄。看照片便可清楚了解，和上顎比下顎寬的兔子是截然不同的。

　　牠們的牙齒生長方式也很獨特。天竺鼠以外的齧齒目，臼齒都是筆直地生長，唯有天竺鼠的臼齒是如插畫所示般，大幅彎曲地生長。

天竺鼠口腔內的示意圖。
其臼齒大幅彎曲，也不是呈水平狀咬合。

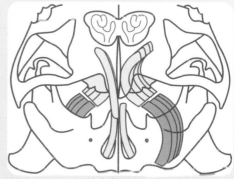

（引用自Crossley B.A. Clinical aspects of rodent dental anatomy. J.Vet.Dent.,12:131:135,1995，在牙齒部分上了色）

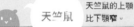
天竺鼠 　天竺鼠的上顎比下顎**窄**。

兔子 　兔子的上顎比下顎**寬**。

天竺鼠的上顎

兔子的上顎

天竺鼠的下顎

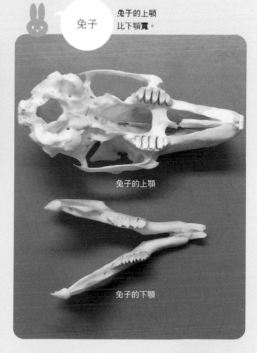
兔子的下顎

過敏與人畜共通傳染病

與天竺鼠一同生活引起的健康問題

天竺鼠與人類一起生活，有可能會對彼此的健康帶來影響。大部分的情況下，是過敏或人畜共通傳染病造成的。

若因牠們太可愛而不想轉讓，便一直放著不處理，最糟糕的情況下可能會危及性命。如果盡早接受治療，有時可以痊癒或控制住病情，覺得不對勁時就立即帶到醫院接受診察是很重要的。

飼養天竺鼠可能引發的過敏

和天竺鼠一起生活的過程中，有時會出現過敏症狀。這類過敏可能是天竺鼠引起的，或者是其飼育環境或飼料所引起的。

對天竺鼠過敏多半是吸入其毛髮或上皮組織所引起的過敏反應。上皮組織就是指所謂的皮屑，沾附在掉毛末端的皮屑也包含在內。

天竺鼠所吃的牧草也會引起過敏。眾所周知，提摩西牧草等禾本科的牧草很容易引起過敏。也有人會對混進牧草袋中的粉塵出現過敏反應。

症狀會因人而異，最具代表性的便是支氣管哮喘、異位性皮膚炎或過敏性鼻炎等，其中有些人只出現「總覺得不太舒服」、「咳嗽或打噴嚏的次數增加」這類輕微的症狀，另外也有人是在身體狀況不佳時才出現症狀。

即便剛開始養的時候沒有問題，還是有可能經過幾個月～幾年後才引發過敏反應。如果過敏症狀嚴重，就必須轉讓或是重新檢視牧草。

無論如何，都建議根據症狀盡早到皮膚科或呼吸胸腔科等就醫，檢查是什麼樣的過敏並洽詢往後的應對之策。

何謂人畜共通傳染病？

所謂的人畜共通傳染病，是指可能

也有人對幾乎沒有毛髮的無毛天竺鼠不會過敏。

會在人類與人類以外的脊椎動物之間互相傳染的疾病，又被稱為「人畜共通病（zoonosis）」與「動物傳人傳染病」等等。

致病原因有病毒、細菌、真菌（黴菌）、寄生蟲等，據說這種疾病的數量全世界約有200種。

一般而言在日本，可能會發生在天竺鼠等寵物、家畜、野生動物與人之間的疾病，包括寄生蟲在內有數十種。較著名的便是禽流感，以及被患有狂犬病的貓或狗等咬到就會感染的狂犬病等。

天竺鼠的人畜共通傳染病

「皮癬菌病」（→詳見127頁）是其中一種經常由天竺鼠傳染給人類的人畜共通傳染病。各種類型的真菌都會引發這種疾病。傳染途徑為直接接觸到患有皮癬菌病的天竺鼠，不過狗、貓、兔子等動物也會罹患這種疾病。如果家中飼養的其他動物得了這種病，為了避免感染，最好不要讓天竺鼠直接接觸到牠們，飼育環境也隔離開來為宜。

「沙門氏桿菌」也是人畜共通傳染病之一。隨著糞便排出的沙門氏桿菌會轉移至地板鋪材或飼料，再經由嘴巴感染。此外，人類接觸到患病的天竺鼠或被其糞便汙染的飼育環境後，假如沒洗手就吃東西，手一接觸到嘴巴就會被感染。

「假性結核耶氏菌」（→關於細菌性疾病，詳見139頁）也是一樣，假性結核耶氏菌會以天竺鼠的糞便為媒介，傳染給

人類。人類感染後，有些只是腹瀉，有些則會引發腎衰竭或敗血症。

預防人畜共通傳染病

因為太可愛而親吻或觸摸天竺鼠後，如果沒有洗手，就有可能感染人畜共通傳染病。

為了彼此的健康著想，最好不要和天竺鼠做出嘴對嘴之類的親密接觸，勤洗手且維持天竺鼠與飼育環境的清潔也很重要。

Check Point !

日常生活的注意事項

《過敏》

☐ 如果一接近天竺鼠或飼育環境就覺得身體不適，最好盡早到醫院就醫。

☐ 留意自己的健康，以免抵抗力下降。

《人畜共通傳染病》

☐ 接觸天竺鼠或清掃飼育環境後要洗手。

☐ 避免與天竺鼠有太親密的接觸，比如嘴對嘴、親吻或共用湯匙等。

☐ 勤加清掃排泄物，維持飼育環境的清潔。

☐ 讓天竺鼠的身體保持清潔。

☐ 如果身上有傷口，應貼上OK繃來避免直接接觸，或是不要觸摸天竺鼠。

當天竺鼠生病時

去醫院時該準備的用品

移動、等待看診與診察時間加起來往往要花2～3小時。最好先在提箱裡放些牧草與蔬菜好讓天竺鼠可以吃，到了醫院並安置好後，再提供水與固體飼料即可。餵食時，如果天竺鼠不願意吃，也不要勉強。

天竺鼠在提箱內也會排便，所以還要帶些汰換用的衛生紙、牧草等地板鋪材，和食用牧草、蔬菜與固體飼料。假如排泄物弄髒了食物，請連同地板鋪材一起更換。此外，不妨保留在移動途中或醫院排出的排泄物，拿給獸醫看。

如果在排泄物中觀察到腹瀉或血尿等異常，請盡可能帶著新鮮的糞便或尿液前往醫院。最好把尿液裝進塑膠袋中，糞便則裝進塑膠盒等容器裡，以免乾掉或變形。

如何運送至醫院？

天竺鼠較難承受環境的變化，所以帶去醫院的途中也需要無微不至的關懷。

最好用雙手抱著提箱，盡量避免搖晃。尤其是袋型提箱，如果背在肩上或拿在手上會劇烈搖晃，最好雙手抱著加以固定。

此外，熱的時候要放保冷劑、冷的時候則用布覆蓋提箱，並在裡面放大量牧草。

保冷劑應以毛巾等加以包覆，避免與身體直接接觸。運送途中最好定時將手伸入提箱內，確認溫度與濕度，避免太熱或太悶等。

若是乘車前往醫院，則應留意避免熱風或冷風直接吹到提箱。

長時間移動也會成為壓力來源，請盡可能帶去位於附近且可以為天竺鼠看

在提箱裡放牧草與蔬菜，並攜帶固體飼料與水，以便天竺鼠在移動中也能進食。運送提箱時，最好雙手牢牢抱住以免搖晃。

要小心點唷！

診的動物醫院。與其每次都去不同的醫院，前往可靠且平常固定就診的動物醫院應該是最不容易造成壓力的。

打造良好的看顧環境

為了多少讓天竺鼠能更順利恢復，最好盡量準備一個不會感受到壓力的飼育環境。

天竺鼠身體不適時，最好盡可能不要去驚擾牠們，
好讓牠們的身體能安靜休養。
如果病情嚴重，則稍微把光線調暗。

如果目前的環境已經很完善，就沒必要大幅改變飼育環境。要是有衛生、噪音或擺設地點等方面的問題，則改善成能讓天竺鼠感到安穩的環境。

另外，在某些情況下，比如足部骨折等，則縮小飼育空間比較好。

不妨先到動物醫院洽詢專業醫師，確認飼育環境是否有問題，還有治療需要哪些用品。

一般來說，動物在身體狀況極度惡化時，會出於本能地躲到昏暗且安靜的地方，試圖讓身體復原。

當天竺鼠的病情嚴重時，建議在飼育籠上蓋一塊薄布，或是拉上房間的窗簾，把光線調暗，牠們會感到比較安穩。請盡可能保持安靜，讓牠們的身體好好休息。

飼主應放寬心

天竺鼠生病時，飼主可能會因為擔心過度而多次往飼育籠內窺探，或是試著觸摸其身體來檢查，不由得表現得有些焦慮。

若感受到主人不同於往常的模樣，牠們會變得不安而覺得有壓力。

即便很在意天竺鼠的狀況，也要忍著別窺探飼育籠，盡量表現得如往常一般，向牠們展示出「一切都很好」的態度。

沒辦法
休息呀！

如果飼主因為過度擔心而頻繁窺探飼育籠，
光是這樣就會害天竺鼠有壓力。

食慾下降或
不進食的時候

生病或去醫院、就診而產生壓力，還有治療咬合不正後不久，這些都有可能導致天竺鼠食量減少，或是變得什麼都不想吃。牠們會讓纖維質在腸道發酵，藉此獲得能量，所以如果吃得少或完全不吃，很有可能造成腸內氣體過度發酵，或是腸內細菌失衡。

這種時候不妨試著餵食牠們最愛的食物。在餵綠紫蘇葉等葉類蔬菜前，先輕輕敲打或用蔬菜脫水器轉一轉，香氣會更為強烈。牧草則先曬一下陽光或以微波爐稍微加熱，使之乾燥，或許牠們會比較願意吃。

此外，因為臼齒咬合不正而想吃也吃不了的情況下，把固體飼料泡軟或揉成丸子狀，牠們就有可能會吃。

無論如何都不進食的話，最好立即送至動物醫院求診。有時透過點滴或口服藥來攝入食慾促進劑或促進腸胃功能

的藥物等，即可讓天竺鼠恢復食慾。

在滴水不進時強制餵食

當天竺鼠不主動進食或無法進食的時候，應在洽詢動物醫院後，進行強制餵食。切忌因為牠們不吃就自行判斷並強迫餵食。若在腸胃出狀況時強迫進食，可能會害牠們更痛苦或置身於危險之中。

假如要強制餵食，建議用溫水將平常吃的固體飼料泡軟，或是用研磨機或攪拌機磨碎後溶入水中，以此來餵食。也可以使用市售的草食性動物專用強制餵食食品，但這種時候就要再補充維生素C的營養輔助食品。利用蔬菜汁等來代替水，可能會有刺激食慾之效。

餵食時必須做好保定（即在進行醫療處置的過程中，約束動物的行動以保持穩定），固定好天竺鼠的頭與身體。仰躺會造成呼吸困難，所以盡可能讓牠們維持趴伏的狀態不動。倘若因為厭惡而暴走，無法順利保定時，可以用毛巾等包覆其全身，僅露出頭部即可。

請將流質食物裝進注射器或滴管之中，一點一點地餵食。從門牙與臼齒之間的縫隙插入，會比較容易入口。一口氣放進嘴裡可能會卡在喉嚨，所以慢慢進行很重要。

強制餵食後，天竺鼠可能會想喝水。不妨以同樣的方式用注射器或滴管一點一滴地餵牠們。要是牠們只喝一點點，餵些小動物專用口服電解質液會比較放心。

這樣我就
吃得下♡

臼齒咬合不正時，
把固體飼料泡軟或揉成丸子狀，
可能就吃得下。

如果天竺鼠在強制餵食的過程中暴走，
可能會造成口腔受傷，最好確實固定住。

趁天竺鼠還健康的時候就先為生病預做準備，利用注射器或滴管來餵食蔬菜汁等，如此一來，生病時即便不壓制身體，牠們也會願意進食。此外，在持續強制餵食的過程中，即便不做保定，牠們有時也會自行進食。

服藥方式

讓天竺鼠服藥的方式，基本上跟強制餵食的做法沒有兩樣。藥物過多或過少都無法提升效果，所以最好遵循動物醫院的指示，餵食規定的劑量。

即使天竺鼠恢復了活力，也絕對不要自行判斷而停止用藥。每種疾病的情況各異，有些如果沒有在一定期間內持續餵藥，健康就會再度亮紅燈。請先讓動物醫院確認治療過程的狀況，得到指示後再停藥。

Check Point !

事先準備好照護用品以應付不時之需

小型的寵物商店裡，
有時並未販售餵藥或強制餵食的用品。
趁天竺鼠健康的時候先準備齊全會比較放心。

注射器

滴管

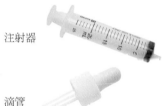

強制餵食用的
粉末食品與
看護用電解質補充劑

從健康的時候開始，
練習用注射器或滴管讓牠們喝果汁等，
那麼在生病時，牠們喝的意願就會提高。

與高齡天竺鼠一起生活

高齡所引起的身體變化

天竺鼠開始顯現老化的時期與速度各不相同，從幾歲開始算是高齡不能一概而論。一般來說，牠們從3歲左右開始便會漸漸不再活力充沛地四處活動。有些原本一離開飼育籠就會熱切探索房間的天竺鼠，會開始花更多時間待在自己喜歡的地方而不太到處走動。另一方面，也有一些天竺鼠到了4～5歲，毛的色澤仍相對良好且充滿活力。無論是哪一種類型，牠們的身體都會隨著年紀增長而逐漸發生一些變化。

〔眼睛〕

隨著年紀增長而發生白內障等，視力逐漸退化。

〔耳朵〕

聽力可能會變差。

〔牙齒〕

只要沒有生病等原因，牙齒就不會脫落。有些案例是因為食慾不振而減少使用牙齒，結果造成咬合不正。

〔骨頭〕

變得比年輕時更脆弱而容易骨折或受傷。

〔毛皮〕

毛髮會漸漸失去光澤。可能會因為理毛的頻率減少而導致打理得不夠周到。沐浴會消耗其體力，應盡量避免。毛皮上的髒汙怎麼都去不掉時，才用溫水快速清洗並徹底擦乾。

〔全身〕

肌肉流失，即便毛皮讓牠們的身形看起來圓鼓鼓的，觸摸時可能會發現背部等處消瘦見骨。肌肉量減少有時也會導致肥胖。

發生在高齡天竺鼠身上的變化

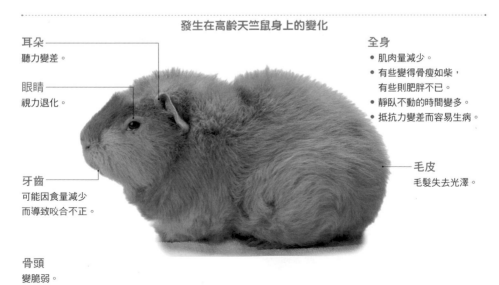

耳朵
聽力變差。

眼睛
視力退化。

牙齒
可能因食量減少
而導致咬合不正。

骨頭
變脆弱。

全身
- 肌肉量減少。
- 有些變得骨瘦如柴，有些則肥胖不已。
- 靜臥不動的時間變多。
- 抵抗力變差而容易生病。

毛皮
毛髮失去光澤。

免疫力下降，所以容易生病。從年輕時就反覆罹患的疾病也會更頻繁地發病。

高齡時期的照顧工作

（飼育環境）

如果已經整頓了一個乾淨且不會對足部造成負擔的飼育環境，就沒必要做太大的改變。天竺鼠到了老年後，適應力會變差，對環境的變化變得敏感，所以盡量讓牠們過著和以前一樣的生活反而比較好。假如要改善飼育環境，比如消除高度差等，最好及早進行並循序漸進地逐步改變。

牠們也會愈來愈禁不起氣溫與濕度上的變化，最好比以前更確實地做好溫度與濕度的管理。

（食物）

天竺鼠會變得容易生病，所以應該多提供一些維生素C以便維持抵抗力。此外，有些天竺鼠的食慾會漸漸變差。不妨利用牠們喜歡的食物或是香氣迷人的蔬菜、新鮮牧草等來刺激其食慾。牠們不願意吃較硬的固體飼料時，可以用熱水泡軟或壓得細碎後再來餵食。

倘若有肥胖問題，則減少固體飼料，增加牧草較為理想。不過最好供應充足的低熱量蔬菜，確保牠們攝取到足夠的養分。

（打理）

天竺鼠會漸漸不再四處走動，趾甲也就不會磨耗，會比年輕時長得更快。

當牠們上了年紀以後，最好經常檢查其趾甲的狀態並做適當的修剪。

當牠們理毛做得不夠周到，屁股周圍等處就會經常變髒。只要將屁股周圍的毛剪短，就不容易弄髒。此外，一有髒汙沾附就清理乾淨，髒汙去不掉的毛則加以修剪。

（運動）

天竺鼠會漸漸不再四處走動，但如果完全不放出籠外，肌力會流失地愈來愈快。只要健康方面沒有問題，最好如往常般讓牠們到籠外玩耍。

（健康管理）

天竺鼠生病的次數會增加，所以要比之前更加留意健康管理，最好每天都進行日常檢查。除此之外，也要繼續定期接受健康檢查，但有些天竺鼠不喜歡去醫院或接受診察，只要去醫院就會身體不適。不妨先洽詢動物醫院，再決定接受健康檢查的頻率。

（交流）

天竺鼠的聽力會愈來愈差，有時會沒察覺到聲響或人的聲音。要撫摸或抱抱時，最好從牠們的正面進行，讓牠們能看到你並清楚地和牠們交談，藉此告知你的存在，避免讓牠們受到驚嚇。

另外，即便身在飼育籠外，也會愈來愈常靜止不動地度日。請讓牠們在喜歡的地方放鬆休息，偶爾加以撫摸或與之交談。放鬆地與信賴的主人一起度過的這些時間對天竺鼠而言，想必是既安心又舒適的時光。

與天竺鼠告別

> 帶著感激之情，
> 認真面對天竺鼠的
> 一生吧！

守護牠們一輩子

天竺鼠是壽命比人類還短的動物。令人悲傷的是，從迎接牠們的第一天起，便一天天接近離別的時刻。不過只要轉念一想，牠們和可以活好幾十年的烏龜或鸚鵡不一樣，飼主不必擔心天竺鼠會獨自留在這個世上。正因為一起生活的對象是天竺鼠，才能伴其一生，從迎接回來的那一天，直到牠們生命終結的那一刻為止。直到最後都竭盡所能地為天竺鼠付出吧！

當病情惡化時

當高齡的動物生病時，有些人會認為牠們「年紀大了，壽限已至」而放棄治療。然而，是否能治癒，誰都說不準，讓牠們最後在痛苦中逐漸死去也令人心疼。在獨自煩惱而放棄之前，請務必先向固定就診的動物醫院諮詢看看。

即便在醫學上無能為力，還是能夠透過針灸治療來緩解疼痛與症狀。如果治療無效而天竺鼠似乎很痛苦，帶去有提供動物針灸的動物醫院或是針灸診所也是不錯的辦法。不過，假如天竺鼠不喜歡被帶去陌生的地方，病情也有可能出現劇變，請慎重判斷是否應該帶去醫院。

當天竺鼠的狀態惡化，有時要住進動物醫院的氧氣室。某些情況下，可能無法在牠們臨終前從旁照護，但是待在動物醫院裡可以根據病情接受最即時的治療，應該能盡可能減輕其痛苦。

不過也可以租借在家也能使用的寵物專用氧氣箱。如果知道離別的時刻近了，在家準備一個氧氣箱，再把天竺鼠帶回家，也不失為一種選擇。

思考葬儀事宜並預做準備

或許有人會覺得，天竺鼠還活著就開始思考葬儀事宜未免也太冷血了。然而，有太多案例都是等到寵物死後才匆匆忙忙尋找葬儀社，所以未能好好告別。

寵物葬禮的形式十分多樣，有與其他逝去的動物一起合辦的集體葬禮、一隻寵物單獨辦理的個別葬禮，也有只火化而不辦葬禮的案例。火化還分為兩種方式，一種為「以低溫燃燒、盡可能保留骨頭」，另一種則是「一次同時燃燒數隻」。甚至連火化後的骨頭都有各種

處理方式，比如在家設祭壇、打造墳墓、安置於靈骨塔等。

葬禮是與逝去動物度過最後片刻時光的重要場合，不妨想想自己能接受的送別方式，再來尋找符合需求的業者。事先參觀一下也會比較放心。

如果家裡有庭院，埋在院子裡也是一種方式。挖掘深超過1公尺的洞穴，再將天竺鼠的遺體放入，以便回歸大地。請不要放入布與塑膠等較難分解的東西。固體飼料、牧草與蔬菜則不成問題，不妨放入大量天竺鼠最愛的食物。埋好後，上頭放塊大一點的石頭，就不會被其他動物挖出來。

若為「喪失寵物症候群」(Pet Loss) 所苦

失去心愛的寵物後，人們有時會比預期的還要委靡不振，或被悲傷的情緒吞噬，還有人會變得鬱鬱寡歡而沒有動力去做任何事。應該也有人因為天竺鼠的死而大受打擊，覺得本來應該還能再多做點什麼，結果為此深感內疚，或是對動物醫院的治療感到憤怒。有些人不僅精神層面受到影響，連身體方面都因此出現狀況，遭受原因不明的疲憊與疼痛。這樣的狀態即稱為「喪失寵物症候群」。

畢竟是失去一個曾一起度過歡樂時光且共享人生的存在，受到打擊是再自然不過的事。近年來，人與動物之間的連結變得更加緊密，因為喪失寵物症候群而跑醫院的人也與日俱增。

會為天竺鼠的死而悲慟不已，意味著你非常重視牠們。不妨與家人或朋友聊一聊，不要獨自承受悲傷、憤怒與痛苦。也可以利用專為喪失寵物症候群而設的諮詢服務，或是加入失去寵物的人們所組成的社團。

如果對悲傷的情緒置之不理，身心可能會遭受多年的煎熬。日本醫師會建議，失去寵物後，身心不適的狀況要是持續超過1個月，就應該接受心理諮詢等治療。為了讓悲傷與打擊得以昇華，不妨把握機會向別人傾訴當下的心情與快樂的回憶。

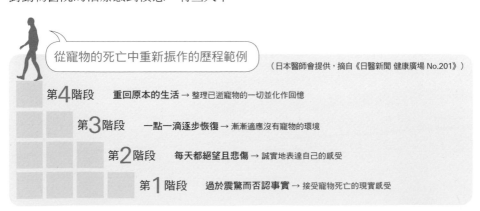

從寵物的死亡中重新振作的歷程範例

（日本醫師會提供，摘自《日醫新聞 健康廣場 No.201》）

第4階段　重回原本的生活 → 整理已逝寵物的一切並化作回憶

第3階段　一點一滴逐步恢復 → 漸漸適應沒有寵物的環境

第2階段　每天都絕望且悲傷 → 誠實地表達自己的感受

第1階段　過於震驚而否認事實 → 接受寵物死亡的現實感受

天竺鼠
寫真館

part 5

生日快樂！生日照片大集合！

因為過生日
而精心打扮了一番♡

我們都4歲囉！

2歲原來是這樣的滋味啊⋯⋯

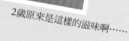

謝謝你們幫我慶祝2歲生日～

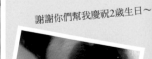

擺出我的招牌動作
來紀念5歲生日☆

生日特製沙拉
真是美味呀～

Chapter 8

飼養天竺鼠
樂趣多

與其他天竺鼠愛好者交朋友，
讓飼養天竺鼠的生活更加充實吧！

愈來愈愛天竺鼠了！

與天竺鼠一起生活後，會讓人想要認識更多天竺鼠，還會希望有朋友可以暢談牠們的可愛與飼養樂趣。甚至還會開始對以天竺鼠為圖案的雜貨與書籍著迷不已，在店裡發現這類商品，就會情不自禁地拿起來看看或購買，這樣的人應該不在少數。

與天竺鼠一起生活將會一點一點改變你自身的喜好、興趣，甚至是人際關係。不妨跟隨自己的心，不斷去接觸因為牠們而漸漸看到的新世界。

為了天竺鼠而結交同好

如果想要有可以互相討論天竺鼠的同好，透過網路來尋找是最輕鬆的。在部落格或SNS上就能認識其他天竺鼠的飼主。

假如有人想要實際見面交談而不是在網路上聊天，可以試著參加網聚。天竺鼠不太喜歡被帶到外面，所以只有飼主齊聚會比較放心。到一些對天竺鼠知之甚詳的寵物商店、天竺鼠咖啡館或經手販售天竺鼠商品的店家，或許有機會遇到一些核心級的天竺鼠愛好者。不妨出席一些自己可以輕鬆參加的場合，逐漸擴大在天竺鼠界的交友圈。

結交天竺鼠同好的好處在於，可以互相分享飼育方法與疾病等相關資訊。天竺鼠的飼育方式沒有所謂的正確答案，每個人都是在摸索中持續下功夫。在接觸各式各樣的飼養方式後，應該也能找到比較適合自己的作法。

在國外，天竺鼠是主流的寵物。
市面上有很多飼育書籍，
想要更了解飼育方式的人務必購買。

五花八門的天竺鼠雜貨

好想要喔~

在一些活動中還可以發現一些市面上不容易找到的天竺鼠商品。

（照片為社團「モルピッカ（morupikka）」參加Design Festa vol.41時的攤位）

搜尋天竺鼠商品

　　相較於貓、狗與兔子，日本市面上很少販售以天竺鼠為圖案的雜貨。希望大家到動物園的商店找找看，可能有販售布偶、透明文件夾與明信片等。經手販售天竺鼠的寵物商店，有時也會賣進口商品或創作者製作的天竺鼠商品。此外，雖然數量有限，但還是有一些店家販售以天竺鼠為圖案的商品。數量有限就意味著比較不會買到和其他人同款的，每種商品的情況不同，說不定還能買到自己獨有的品項，不妨試著在網路上或雜貨店等處搜尋天竺鼠的雜貨。

不妨試著自己動手做！

　　如果光是尋覓天竺鼠的雜貨已經無法滿足你了，自己動手製作也是一種方式。等到愈做愈順手後，還可以在網路上拍賣，或是拿到雜貨店寄售，這會進一步擴大你的世界。

　　從事創作活動的人當中，也有一些天竺鼠同好一起組成社團，在一些設計節或同人誌即賣會等大型活動上擺攤參展。展出的作品十分多樣，從方便的飼育用品乃至於飼主可以用得很開心的日用品等，應有盡有。除此之外，還會不定期舉辦畫展或雜貨展等天竺鼠相關活動。不妨親自參加看看，或是購買他們推出的產品，盡情享受天竺鼠的世界。

◉ 手作雜貨大集合！

在此試著匯集了多位在活動或
寄售中活躍不已的手作創作者的作品。

手作創作者ヒロ的品牌
moroom所推出的天竺鼠商品。
床、睡袋與墊子的觸感都很柔軟，
感覺睡起來會很舒服！

原畫：雅克・路易・大衛的
「跨越阿爾卑斯山聖伯納隘道的拿破崙」

原畫：古斯塔夫・克林姆的
「吻」

原畫：喜多川歌麿的
「吹玻璃哨的女子」

天竺鼠的名畫系列

社團「モルピッカ（morupikka）」
的成員荒駒るみ所繪製的名畫系列。
天竺鼠化身為名畫中的角色
並擺出模仿的姿勢。
在各種活動中販售的明信片。

原畫：愛德華・孟克的
「吶喊」

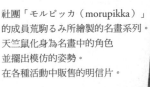

原畫：米開朗基羅・博納羅蒂「創造亞當」

社團「モルピッカ（morupikka）」
參加Design Festa vol.41時推出的商品。

社團「モルピッカ（morupikka）」
的成員。以天竺鼠為主題，
迎來活動10週年。

首次參加Design Festa vol.41的
社團「BDK」，
拓展出結合天竺鼠與蘑菇形象的商品。

國外的情況

展示會知多少？

有別於日本，天竺鼠在歐洲被視為大人的寵物，是相當受歡迎的存在。

飼主大多都把飼養天竺鼠當作一種單純的興趣，不過也有飼主相當熱中，以至於一天中有大半的時間都花在照顧牠們上。

這類型的飼主或育種家還經營了無數天竺鼠俱樂部。俱樂部的目的在於，透過正確的知識來飼養出健康的天竺鼠。

為了天竺鼠的發展，由俱樂部主導的天竺鼠展示會也會定期舉辦。俱樂部的會員中，有人是平日從事其他工作，週末才擔任展示會的審查員，生活過得相當充實。

報名參加展示會

我日前參觀過幾次展示會，英國2次、荷蘭1次、丹麥1次，每一場展示會上都有形形色色的天竺鼠，並根據品種特性來競賽。在這些國家，只要每隻繳交約50日圓，任何人都可以報名參加展示會。

出場類別會依國家或俱樂部的規定而異，但主要是根據品種、性別與年齡來分類。若是根據年齡來區分，一般分為「Ad」（＝成鼠，出生5個月以上）、「U5」（＝出生5個月以下）、「5/8」（＝出生5～8個月）、「AA」（＝任何年齡皆可）。

有時也會根據毛皮來區分出場類別。除了單色的「純色（self）」與2色以上的「多色（non-self）」外，還會根

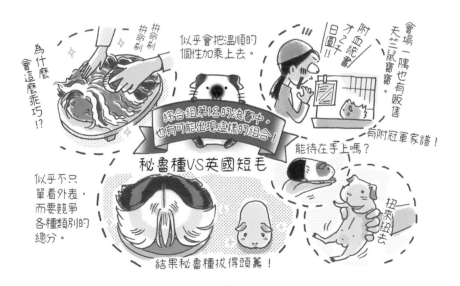

在英國Northern Cavy Fanciers主辦的天竺鼠展示會上，等待出場的天竺鼠與牠們的飼主。

內文與照片●大平泉

據特徵做細部分類，比如短毛種的「英國短毛」、「阿比西尼亞」、「短冠毛」，以及長毛種的「秘魯種」、「歐巴卡」等。

此外，每個展示會的規定各異，有些不分性別或品種，而是按年齡區分為3個級別：「出生後3～6個月」、「6～9個月」與「9個月以上」。

等待出場的天竺鼠們

即將出場的天竺鼠的耳朵上都貼著貼紙，寫著入場號碼。在展示會開始前，牠們會在飼育籠中放鬆休息，或是讓飼主、育種家刷毛，乖乖地待著。

據說雄鼠來展示會的前幾天都會先沐浴一番，因為在展示會上會檢查其皮脂腺是否乾淨。

展示會的評分標準

天竺鼠展示會上都是由技巧熟練的審查員來進行審查。有些國家有專為審查而設的專業學校，會進行實習訓練與嚴格的資格測驗。荷蘭的專業學校為2年制，另一方面，芬蘭則只需學習如何成為審查員，不具資格也能進行評分。

天竺鼠的審核會遵循一套標準的準則，依身體各個部位設分數比來評分，滿分為100分。列入評分對象的部位會依天竺鼠的品種而異。如果是純色英國短毛，毛色占30分、類型（鼻寬、肩寬等）25分、毛髮15分、耳朵10分、眼睛10分、表現10分，合計為100分。另一方面，阿比西尼亞則一開始就把「毛旋」一項設為20分，一般認為這個項目以8個毛旋最為理想。此外，長毛種則

是毛髮擴散開來的程度就占了20分。

評分的流程

審查員會把天竺鼠放在桌上，逆向撫摸毛髮，接著將其舉起，依序檢查健康狀況與友善程度等，花不到1分鐘就按準則完成這些細項的評分。

在英國，只有身體部位會被列入評分對象，但在荷蘭則是按年齡區分為3個組別，根據每個身體部位的分數與7項排行的總分來進行評分與評價。評價由高到低依序排行：「U」（＝頂級）、

「F」（＝優秀）、「2G-S」（＝絕佳）、「G」（＝佳）、「M」（＝普通）、「V」（＝尚可／不足）與「O」（＝不佳）。這些排行會計入評分表中，對審查產生莫大的影響。

各類排行中被評選為「最優秀」的天竺鼠會進一步依組別競爭第1名，最後再從勝出的3隻中選出綜合組第1名。

在天竺鼠展示會上，第1名的天竺鼠會被稱為「Best in Show」，被賦予至高的榮譽。

除此之外，展示會上還設有其他獎項，比如「最佳育種獎」與「最佳被毛獎」等。

審查需要時間，
所以等待時間很漫長。
也有一些天竺鼠
在飼主的撫摸中等待著。

兒童也會參加展示會，
並在審查前
照顧好自己的天竺鼠。

審查對飼主而言也是
腎上腺素狂飆的瞬間。

在飼育籠中等待出場的英國短毛。

能夠得冠的天竺鼠

　　所有組別的共通之處便是：能夠名列前茅的天竺鼠都很健康，眼睛澄澈、閃耀著光輝，而且十分友善。在毛皮方面，如果是三色天竺鼠，每個顏色分配到的面積一致是最為理想的，此外，配色美觀或毛質絕佳也會獲得較高的分數。

　　除此之外，審查員還會逆向撫摸毛髮來檢查一些細節，比如鼻子上的傷口、耳朵上的缺口、趾甲的缺損、刺毛天竺鼠身上是否混有其他顏色的毛或長

儀表堂堂的短冠毛。

「喜馬拉雅」天竺鼠在英國備受育種家喜愛。

罕見的品種歐巴卡也出場了。

毛髮美麗動人的謝特蘭。

荷蘭展示會上的天竺鼠。

審查過程中
會徹底檢視全身。
天竺鼠也會乖乖地不做反抗。

我會嚴格
打分數喔～

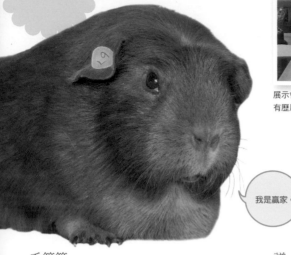

勝出的天竺鼠！

獲得Best in Show獎的短冠毛。
毛旋直豎、耳朵大而下垂、眼睛大，
全身毛色平均，這幾點都獲得頗高的評價。

展示會會場上
有歷屆獎盃加以裝飾。

獲獎天竺鼠的
飼育籠上
有個大緞帶。

我是贏家。

毛等等。

　另外，立耳在日本很受喜愛，但在歐洲則是看到耳孔就不在評選之列。換言之，牠們沒有資格參加展示會的選拔！

　名列前茅的天竺鼠中，有不少與過去在展示會上名列前茅的天竺鼠是有親戚關係的，所以通常會有很多人爭相預約這些天竺鼠的寶寶。

譜，避免帶有遺傳性疾病等。

　對育種家而言，獲得Best in Show是至高的榮譽。繁殖的天竺鼠所獲得的評價也關係著育種家的評價。

　無論是天竺鼠俱樂部還是育種家，當然還有天竺鼠展示會，都是因為對天竺鼠的愛而存在。從沒有天竺鼠俱樂部的日本的角度來看，那份熱情實在令人羨慕且耀眼得難以直視。

育種家的職責

　歐洲有大批意志堅定的育種家，他們具備10～20年的育種經歷，擁有天竺鼠屋舍，隸屬於俱樂部，還會每年參加好幾次展示會。大部分的育種家會專門繁衍單一個品種，平均飼養30～40隻。為了守護天竺鼠的純正血統，繁殖都是在嚴格的管理下進行。從外面迎接天竺鼠時，都會仔細確認血統的特徵與家

耶～

在展示會上獲得綜合組
第3名的育種家，他感到十分自豪。

歐洲的飼育情況

在德國的飼育體驗

從2003年到2007年為止，我在德國與英國短毛種的Funky和Happy一起生活。這2隻都是我在當地寵物店購買的天竺鼠寶寶。

寵物商店裡的天竺鼠都是成群居住在1～2個榻榻米大的空間中，而不是關在飼育籠裡。

在德國，動物被視為有生命的生物來尊重，所以都不會標示價格，必須詢問店員才知道。

在我接回第一隻天竺鼠Funky之前，寵物商店的店員為我講解了飼育的方法等。我還記得他告訴我必須準備一個至少60×100cm大的飼育籠，這比日本認知的還要寬敞些呢！

德國的家居用品店裡有著比日本還要豐富的天竺鼠飼料。不僅有袋裝的，也有按重量計價販售的。順帶一提，德國的天竺鼠食物大多會添加水果乾或蔬菜乾等。

在歐洲，天竺鼠是主流寵物，所以連住旅館也能一起帶去。我家在開車旅遊時，也都是帶著牠們同行。

旅途中，很多人看到我家的天竺鼠時，都會主動告訴我們哪些地方有蒲公英等可食用的草，我覺得只有在天竺鼠知識很普及的歐洲，才能遇到這樣的事。（平山佳子）

德國的庭院裡
經常長滿三葉草等植物。
平山女士的天竺鼠
似乎也很常在庭院裡的
圍欄中玩耍。

德國寵物商店裡按重量計價販售的寵物食物。
可以依自己所需的量來購買水果乾等。
（照片提供／GEX）

荷蘭的保護設施Stichting Cavia

Stichting Cavia（天竺鼠基金會）是成立於1997年的天竺鼠保護設施。不僅是遭遺棄的天竺鼠的緊急庇護所，更是接收生病或老年天竺鼠的醫院兼療養所。該設施每年會有5000～9000人來訪參觀，還有大批會員的支援。歐洲有很多這類型的天竺鼠保護設施在運作，是一般人也很熟悉的存在。

天竺鼠居住的天竺鼠村。在被收容的期間，
天竺鼠都能在寬敞的空間裡過著舒適的生活。

Stichting Cavia
地址● Kreilen 4 9234 Wc Bakkeveen The Netherlands
http://www.stichtingcavia.com/

一起去看天竺鼠吧！

正在全長21m的
橋上奔跑的
天竺鼠們。

動物園中的天竺鼠

　　天竺鼠在全日本各地的動物園等處都是可以直接接觸互動的動物，至今為止都很活躍。

　　而最近又以排成一列過橋的身姿再度備受矚目，每個動物園的稱呼各異，比如「渡橋」、「歡迎歸來橋」、「隊列」等。

　　每一個動物園都是讓天竺鼠排成一列，在架設於互動廣場等展示區與動物屋舍之間的小橋上魚貫移動。

天竺鼠過橋的精采看點

全力奔跑的天竺鼠

　　全日本最長的過橋活動就在狹山市智光山公園兒童動物園內，全長竟長達21m！天竺鼠排成一列來移動的身姿十分可愛，是備受喜愛的活動，在黃金週等旺季總是人潮洶湧。關於這項過橋活動的精采看點，我們採訪了該動物園的園長（採訪當時）日橋一昭先生，他對齧齒目瞭如指掌。

　　「對天竺鼠而言，動物屋舍是可以享受自由與美食的天國，所以牠們會以非常快的速度奔跑過橋。其中又以最前面那組的身姿最具魄力！可以看到牠們

牠們使盡全力奔跑，
以至於雙腳好像
不受重力影響般飄浮起來。

全力衝刺到四隻腳幾乎都快要飄浮起來了。」日橋先生說道。

　　就連個性膽小而謹慎的天竺鼠，到了歡迎歸來橋上也會加快腳步。只要是天竺鼠愛好者，想必都會被那種在家難得一見的躍動感所驚艷。

歡迎歸來橋最大的魅力

　　不過日橋先生表示，歡迎歸來橋最大的魅力並不在於意想不到的速度感。

　　「通知遊客歡迎歸來橋活動即將開始的鐘聲一響起，天竺鼠就會不約而同地躁動起來。當橋靠了過來，牠們會為了盡快上橋而爭先恐後奮力擠身向前，眼裡閃耀著燦爛光輝。追求自由與美食的那種姿態如此迫切，甚至帶有一種原始野性之美。

　　「另一個精彩看點在橋的下坡處一

帶。天竺鼠從橋上的高處露臉後，隨即小心翼翼地跑下陡峭的下坡路。從表情與腳步上的變化，可以感受到牠們既想趕快回去又有些遲疑的心情。」天竺鼠

當橋靠近時，天竺鼠們都不約而同地探身向前。

用力踢著後腿往動物屋舍前進。

在互動過程中仍一心想著如何更靠近動物屋舍的天竺鼠們。

來到斜坡時，會露出有點緊張的神色。

想要快點回去的
天竺鼠，
在動物屋舍入口處
引發大塞車。

一臉認真地繼續在下坡道上前進的模樣，任何人看了都會想要為牠們加油吧！

活用天竺鼠特性的過橋活動

或許有人會以為天竺鼠必須接受過橋的特殊訓練。實際上，據說該動物園一開始是從橫渡2m的橋開始練習，再逐漸增加長度。不過日橋先生指出，排成一列前進本身並無特別之處。

「動物園的動物一聽到閉園音樂就會回到動物屋舍，歡迎歸來橋也是同樣的現象。牠們只不過是記住『鐘聲響起』、『過橋就能獲得食物』這樣的條件，並出於本能地採取行動罷了。」

在日本白齒鼩等哺乳類身上，也可以觀察到這種單列前進的行為。

一般認為應該是因為，相較於成群聚集行動，排成一列比較不容易整群遭受肉食動物的襲擊，也能緩解不安。

此外，天竺鼠不會從橋上跳下來也和牠們不做上下移動的特性有關。

過橋活動能讓我們感受到天竺鼠的潛力，那是平日在家裡寵愛牠們時所看

不到的，何不到附近的動物園走一趟，試著親眼感受看看呢？

日橋一昭先生

（公益財團法人）東京動物園協會教育普及中心的董事。曾擔任過大宮公園小動物園、埼玉縣兒童動物自然公園、狹山市智光山公園兒童動物園，以及井之頭自然文化園等的園長。對裸鼴鼠等齧齒目也知之甚詳。

狹山市智光山公園兒童動物園

地址◉〒350-1335 埼玉県狹山市柏原864-1
TEL◉04-2953-9779
開園時間◉09：30〜16：30（最終入園〜16：00）
休園日◉週一（遇國定假日則隔天的平日休）、新年期間（12月29日〜1月1日）
URL◉http://www.parks.or.jp/chikozan/zoo/

「天竺鼠的歡迎歸來橋」活動為一天3次，在互動廣場的互動體驗後舉行。互動廣場裡還有小雞與山羊。

大家要來看喔〜

可 觀 賞 天 竺 鼠 過 橋 的 動 物 園

埼玉縣兒童動物自然公園

地址◉〒355-0065 埼玉県東松山市岩殿554
TEL◉0493-35-1234
開園時間◉09：30～17：00（最終入園～16：00）
休園日◉週一（遇國定假日則照常開園）、新年期間（12月
29日～1月1日）、1月的週二會不定期休園
URL◉http://www.parks.or.jp/sczoo/

目前還有展示許多齧齒目，
比如和天竺鼠一樣屬於豚鼠
科的白臀豚鼠、巴塔哥尼亞
豚鼠、查科豚鼠與水豚，還
有裸鼴鼠等。「天竺鼠來渡
橋」活動則是於互動時間結
束後的11：30、14：00與
15：30舉行。

長崎BIO PARK

地址◉〒851-3302 長崎県西海市西彼町中山郷2291－1
TEL◉0959-27-1090
開園時間◉10：00～17：00（最終入園～16：00）
休園日◉全年無休
URL◉http://www.biopark.co.jp/

「PAW」是可以與貓、狗、
美洲鬣蜥、雕鴞等各種動物
互動的設施，從16：30開始
舉行「天竺鼠回家」的活
動。在園內可以看到許多動
物自由棲息於盡可能接近其
原始生態系統的環境中，而
顯得朝氣蓬勃的身影。目前
還有舉辦與水豚等動物互動
的活動。

札幌市圓山動物園

地址◉〒064-0959 北海道札幌市中央区宮ヶ丘3-1
TEL◉011-621-1426
URL◉http://www.city.sapporo.jp/zoo/
活動名稱◉天竺鼠來渡橋（在兒童動物園內不定期舉辦，
於天竺鼠互動活動結束後進行）

多摩動物公園

地址◉〒191-0042 東京都日野市程久保7-1-1
TEL◉042-591-1611
URL◉https://www.tokyo-zoo.net/zoo/tama/
活動名稱◉天竺鼠的回家時間（在橡子廣場舉行。時段須
另洽）

東武動物公園

地址◉〒345-0831 埼玉県南埼玉郡宮代町須賀110
TEL◉0480-93-1200
URL◉http://www.tobuzoo.com/
活動名稱◉天竺鼠的回家時間（在互動動物之森「森林互動
屋」中的＜天竺鼠房間＞，從16：00開始進行）

羽村市動物公園

地址◉〒205-0012 東京都羽村市羽4122
TEL◉042-579-4041
URL◉http://www.t-net.ne.jp/~hamura-z/
活動名稱◉天竺鼠坡道（在學習廳內的「天竺鼠之家」，
於週六、日與國定假日的15：00左右開始進行）

千葉市動物公園

地址◉〒264-0037 千葉県千葉市若葉区源町280
TEL◉043-252-1111
URL◉https://www.city.chiba.jp/zoo/
活動名稱◉天竺鼠來渡橋（在互動設施「兒童動物園」，於
14:15左右開始進行。有時會根據氣溫而提前開始）

富山市家庭公園

地址◉〒930-0151 富山県富山市古沢254
TEL◉076-434-1234
URL◉http://www.toyama-familypark.jp/
活動名稱◉天竺鼠來渡橋（在互動廣場與展示場之間，於
週六、日與國定假日舉行。時段須另洽）

参考文献

- 《モルモットの医・食・住 新装版》徳永有喜子, 霍野晋吉 監修（ジュリアン）
- 《モルモットの救急箱 100問100答》すずき莉萌 編著（誠文堂新光社）
- 《小動物ビギナーズガイド モルモット》すずき莉萌（誠文堂新光社）
- 《アニファブックス わが家の動物・完全マニュアル8 モルモット》（スタジオ・エス）
- 《系統樹をさかのぼって見えてくる進化の歴史》長谷川政美（ベレ出版）
- 《日本食品標準成分表2010》文部科学省科学技術学術審議会資源調査分科会 編輯（全国官報販売協同組合）
- 《モルモットの臨床》V.C.G. Richardson, 林典子 翻譯（インターズー）
- 《疾患別治療ガイド 小動物の皮膚病カラーアトラス －犬・猫・エキゾチックアニマル－》Keith A. Hnilica, 岩﨑利郎 監譯（インターズー）
- 《イラストでみる 小動物解剖カラーアトラス》Thomas O.McCracken, Robert A. Kainer, 浅利昌男 監譯
- 《ウサギ・フェレット・齧歯類の内科と外科》Katherine E. Quesenberry, James W. Carpenter, 田向健一 監譯（インターズー）
- 《エキゾチックペットの皮膚疾患》Sue. Paterson, 小方宗次 監譯（文永堂）
- 《げっ歯類とウサギの臨床歯科学》David A. Crossley, 奥田綾子 編著・監譯（ファームプレス）
- 《カラーアトラス エキゾチックアニマル 哺乳類編》霍野晋吉, 横須賀誠 著（緑書房）
- 《The Guinea Pig Handbook》Sharon Vanderlip（Barron's Pet Handbooks）
- 《Guinea Piglopaedia: A Complete Guide to Guinea Pigs》Margaret Elward, Mette Ruelokke（Interpet Publishing）
- 《Ferrets, Rabbits, and Rodents: Clinical Medicine and Surgery, 3nd edition》Katherine Quesenberry（Saunders）
- 《Clinical Veterinary Advisor: Birds and Exotic Pets, 1st edition》Joerg Mayer（Saunders）
- 《Blackwell's Five-Minute Veterinary Consult: Small Mammal》Barbara L. Oglesbee（Wiley-Blackwell）
- 《Dentistry in Rabbits and Rodents 1st edition》Estella Böhmer（Wiley-Blackwell）
- 《Ophthalmology of Exotic Pets》David L. Williams（Wiley-Blackwell）
- 《Management of Pregnant and Neonatal Dogs, Cats, and Exotic Pets》Cheryl Lopate（Wiley-Blackwell）
- 「序説テンジクネズミ学―俗称モルモットの文化史一」押鐘篤（日大歯学 第45巻）
- 「開成所の譯語と田中芳男―テンジクネズミ（モルモット）の譯語を手がかりに―」櫻井豪人（国語国文 71巻4号）
- 「妊娠期におけるモルモットの骨盤の弛緩」和田宏, 湯原正高（岡山大学農学部学術報告 第16号）
- 「日医ニュース 健康ぷらざ No.201」（日本医師会）
- 「ウサギ、モルモット、チンチラにおける咀嚼器官の解剖と歯科疾患の病態生理」Alexander M. Reiter, 曽根和代 譯（《エキゾチック診療》2(1), インターズー）
- 「モルモットの妊娠と周産期の合併症」Virginea Richardson, 曽根和代 譯（《エキゾチック診療》3(2), インターズー）
- 「モルモット、フクロモモンガの脱毛症、ハリネズミの脱針症」高見義紀（《エキゾチック診療》5(2), インターズー）
- 「ウサギとモルモットの体表腫瘤」中田真琴, 坪井誠也, 三輪恭嗣（《エキゾチック診療》6(2), インターズー）
- 「モルモットの泌尿器疾患」井上真菜美, 三輪恭嗣（《エキゾチック診療》7(1), インターズー）
- 「小型哺乳類（モルモット、チンチラ、フクロモモンガ、ハリネズミ）の下痢」中田真琴, 三輪恭嗣（《エキゾチック診療》7(2), インターズー）
- 「Rodent Nutrition: Digestive Comparisons of 4 Common Rodent Species」Kerrin Grant,（《Veterinary Clinics of North America : Exotic Animal Practice》17(3), ELSEVIER）
- 「Gastrointestinal Anatomy and Physiology of Select Exotic Companion Mammals」Micah Kohles（《Veterinary Clinics of North America : Exotic Animal Practice》17(2), ELSEVIER）
- 「Diagnosis and Clinical Management of Gastrointestinal Conditions in Exotic Companion Mammals (Rabbits, Guinea Pigs, and Chinchillas)」Tracey K. Ritzman（《Veterinary Clinics of North America : Exotic Animal Practice》17(2), ELSEVIER）
- 「Ovarian Cystic Disease in Guinea Pigs」Anthony Pilny（《Veterinary Clinics of North America : Exotic Animal Practice》17(1), ELSEVIER）
- 「Clinical Approach to Dermatologic Disease in Exotic Animals」Brian S. Palmeiro, Helen Roberts（《Veterinary Clinics of North America : Exotic Animal Practice》16(3), ELSEVIER）
- 「Cutaneous Neoplasia in Ferrets, Rabbits, and Guinea Pigs」Sari Kanfer, Drury R. Reavill（《Veterinary Clinics of North America : Exotic Animal Practice》16(3), ELSEVIER）
- 「Hyperthyroidism and Hyperparathyroidism in Guinea Pigs (Cavia porcellus)」João Brandão, Claire Vergneau-Grosset, Jörg Mayer（《Veterinary Clinics of North America : Exotic Animal Practice》16(2), ELSEVIER）
- 「Respiratory System Anatomy, Physiology, and Disease: Guinea Pigs and Chinchillas」Enrique Yarto-Jaramillo（《Veterinary Clinics : Exotic Animal Practice》14(2), ELSEVIER）
- 「Cardiovascular Anatomy, Physiology, and Disease of Rodents and Small Exotic Mammals」J. Jill Heatley（《Veterinary Clinics of North America : Exotic Animal Practice》12(1), ELSEVIER）
- 「Emergency Presentations of Exotic Mammal Herbivores」David Vella（《Journal Of Exotic Pet Medicine》21(4), ELSEVIER）
- 《Colour Atlas of Anatomy of Small Laboratory Animals: Volume 1, 1st edition》Peter Popesko（Saunders）
- 「Cushing's syndrome in a guinea pig」F. Zeugswetter et al.（《Veterinary Record》160）
- 「A case of infectious pericardial effusion and tamponade in a guinea pig (Cavia porcellus) associated with a multiresistant staphylococcus」Jean-François Quinton et al（《Veterinary Record Case Reports》2(1)）
- 国立国会図書館ウェブサイト http://www.ndl.go.jp/,[2015年11月6日時]
- 早稲田大学図書館「古典籍総合データベース」 http://www.wul.waseda.ac.jp/kotenseki/ [2015年11月8日時]
- 国土交通省「ハザードマップポータルサイト」 http://disaportal.gsi.go.jp/ [2015年11月8日時]
- 「成田空港検疫所ホームページ」 http://www.forth.go.jp/keneki/narita/ [2015年11月8日時]

照片提供、攝影與採訪協助者

（省略敬稱・隨機排序）

牧恵美子	朝比奈朋恵	田向健一
和佳子	塩濱愛子	日橋一昭
中田恵弥子	鬼女羅☆	進藤祐介
ゆきぴい	かちのちから	鈴木理恵
長谷川宏子	mitsuba	杉野由美
野仲順子	とよきち	モルピッカ
椿	メキコ	BDK
荒駒るみ	秋月	
大塚泰穂	むらせゆかり	田園調布動物病院
宮本真貴子	大庭小枝子	株式会社イースター
モルパパ(@moru_papa)	柏原祐路	株式会社川井
舜コ	平山佳子	株式会社サカイペット
栗原路枝	堀正一	株式会社三晃商会
木村美余子	河元かおり	ジェックス株式会社
飯田由佳	近藤滋雄	株式会社ジュピター
しよっち	大坪まゆみ(まぁちゃん)	株式会社マルカン
パティ&ルンルン	なかのりょうこ	株式会社パシフィックリンクスインターナショナル
町田麻衣子	さんぴん	
永野陽子	MORPHEUS	狭山市智光山公園こども動物園
松浦マスミ	奥田富美子(ぱりか〜る)	埼玉県こども動物自然公園
yukazu(ぶぶたん)	山岸勝恵	長崎バイオパーク
川平むつみ	ぽんぬ	小動物専門店 Andy
駒井佳奈	雨宮真美	ドキドキペットくん
花谷久美子	山崎菜実	ペットショップ ピュア☆アニマル
佐波孝洋		ロイヤルチンチラ
佐波加鶴子		モルモットカフェ もる組
佐波孝一朗		デザインフェスタ有限会社
		Stichting Cavia
		永島結衣

✿ 感 謝 大 家 的 協 助 ✿

作者（執筆・編輯）

大崎典子

生於東京。曾任職於編輯製作公司，後來成為自由接案的編輯、寫手。目前以兔子專業雜誌等為首，從事各種小動物、生產育兒領域的編輯、執筆活動。曾參與編輯、執筆的小動物相關書籍有《ハッピー★カメカメBOOK》（主婦之友社出版）、《うちのうさーうさぎあるあるフォトエッセイ》（誠文堂新光社出版）等等。

監修・第七章各種疾病執筆

角田滿

獸醫師。2010年畢業於東京農工大學農學部獸醫系。曾任職於田園調布動物醫院（本書日文版出版時），後來獨立創業，現為Lapaz寵物診所院長。

攝影

井川俊彥

生於東京。自東京攝影專門學校報導攝影科畢業後，擔任自由攝影師。1級愛玩動物飼養管理士。拍攝貓、狗、兔子、倉鼠、小鳥等陪伴動物，至今已逾25年。曾為眾多出版書籍擔綱攝影工作，包括《新うさぎの品種大図鑑》、《ザ・ネズミ》、《デグー完全飼育》（皆為誠文堂新光社出版）、《図鑑NEO どうぶつ・ペットシール》（小學館出版）等書。

病例照片提供／田園調布動物醫院

STAFF

內文設計—鈴木朋子

插畫、文字與照片（180〜184頁）—大平いづみ

MORUMOTTO KANZEN SHIIKU KAIKATA NO KIHON KARA SESSHIKATA, SEITAI, IGAKU MADE WAKARU
© NORIKO OHSAKI 2015
© TOSHIHIKO IGAWA 2015
Originally published in Japan in 2015 by Seibundo Shinkosha Publishing Co., Ltd.,TOKYO.
Traditional Chinese translation rights arranged with Seibundo Shinkosha Publishing Co., Ltd.TOKYO, through TOHAN CORPORATION, TOKYO.

天竺鼠完全飼養手冊
日常照顧、互動相處、健康管理一本掌握！

2021年 9 月 1 日初版第一刷發行
2023年10月15日初版第二刷發行

作　　　者	大崎典子
監　修　者	角田滿
攝　　　影	井川俊彥
譯　　　者	童小芳
編　　　輯	陳映潔
美術設計	竇元玉
發　行　人	若森稔雄
發　行　所	台灣東販股份有限公司
	＜地址＞台北市南京東路4段130號2F-1
	＜電話＞(02)2577-8878
	＜傳真＞(02)2577-8896
	＜網址＞www.tohan.com.tw
郵撥帳號	1405049-4
法律顧問	蕭雄淋律師
總經銷	聯合發行股份有限公司
	＜電話＞(02)2917-8022

國家圖書館出版品預行編目資料

天竺鼠完全飼養手冊：日常照顧、互動相處、健康管理一本掌握！/大崎典子著；童小芳譯. --初版. --臺北市：臺灣東販，2021.09
192面；14.8×21公分
ISBN 978-626-304-838-6 (平裝)

1.天竺鼠 2.寵物飼養

437.394　　　　　　　　　110012652